無敵美味，滑軟彈嫩，一定要學會的

黃金比例配方！

布丁·果凍·寒天·芭芭露亞·慕斯，搭配淋醬變化100道

福岡直子

出版菊文化

1　Jelly

2　Pudding

contents

本書的使用方法

・計量單位 1 小匙＝5ml、1 大匙＝15ml。

・「適量」表示放入恰到好處份量。

・微波爐沒有特別標註時，使用的是 600W。使用 500W 時加熱時間約為 1.2 倍、700W 則加熱時間請改為 0.8 倍。另外，機種不同時加熱狀況也各有差異，請視狀況進行調整。

・烤箱使用電烤箱。因機種而異，請以標記時間為參考，視狀況進行調整。

・黃檸檬使用日本所產。

3 Bavarian cream & Mousse

4 Agar dessert

5 Big sweets

明膠、寒天的差別與基本用法區分

先認識並瞭解凝固果凍或布丁時，使用明膠及寒天的差異。
首先，為了能製作出個人喜好的硬度，請先確認水份與明膠、寒天的配方比例。

堅硬 ——————— 不同硬度時明膠與水的配方比例標準 ——————→ 柔軟

Q彈	軟滑	水嫩
紮實具彈力的硬度	恰到好處柔軟、入口即溶	沒有彈力、果泥般的狀態

水 + 粉狀明膠
250ml   5g

水 + 粉狀明膠
300ml   5g

水 + 粉狀明膠
350ml   5g

一般果凍的硬度。Q彈具彈性和黏性，脫模容易，連分切都能保持住形狀。像葡萄柚的果肉凍(P18)，想要維持住形狀時使用的配方比例。

可以感覺到水份的軟滑，略帶柔軟的程度。即使脫模也能維持住形狀。本書中介紹的是以奶凍(P11)、白桃果泥凍(P15)等，柔軟易於享用的類型為主。

水嫩、濃稠果泥般的柔軟程度，不適合脫模。黃檸檬氣泡水果凍(P14)或冰沙凍(P20)、甜湯凍(P21)等，放入保存容器內冷卻凝固，以不規則狀盛放在玻璃容器內享用。

＊水份的用量，並不含粉狀明膠還原所需的水50ml。

memo

利用粉狀明膠做出個人喜好軟硬度的果凍

本書是以市售粉狀明膠1包(5g)正好用完的份量來製作。相對於5g粉狀明膠，只要調整水的份量即可，因此只要能熟練製作方法，就能不受限自由地完成。使用水果時，必須注意可能會有果凍無法凝固的狀況(請參照P78)。請大家親自體驗一下，本書各種不同軟硬度的果凍。

堅硬 ———— 不同軟硬度，寒天與水的配方比例標準 ————→ 柔軟

硬實
口感紮實良好的硬度

滑軟
能保有形狀同時又軟滑有彈性

水嫩
入口即化的柔軟

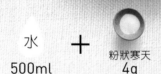

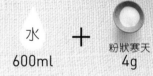

水 ＋ 粉狀寒天
400ml 4g

水 ＋ 粉狀寒天
500ml 4g

水 ＋ 粉狀寒天
600ml 4g

像是用於蜜紅豆甜點等，切塊寒天般的硬度，並且留有咀嚼的口感。像黃金比例的簡易寒天（P57）、芒果寒天（P60）、或抹茶寒天（P62）等，可以切成方塊狀開心享用。

相較於咀嚼的口感，更顯得柔軟滑順好入喉。也是能夠保持形狀的軟硬度，可以切成方便食用的大小，與水果或糖漿等一同享用。做成像水羊羹（P61）般的寒天甜點。

仍留有寒天的質地，但同時具有水嫩的柔軟口感。放入容器內，冷卻凝固後直接舀起享用，或是像豆花（P63）等甜點，盛盤後，澆淋糖漿等液體作成甜湯般享用。

---

memo

與洋菜（Agar）有何不同？

洋菜，是以海藻萃取物卡拉膠（Carrageenans）等為原料，與明膠、寒天為相同的凝固劑之一，也是其中透明度最高、光澤最美的一種，因此主要用於果凍。口感介於明膠與寒天之間，Q軟中帶著水潤，常溫之下形狀也不會崩壞。

明膠的種類與基本使用方法

明膠，是以牛或豬的骨、皮，抽取出動物性蛋白質的「膠原蛋白」來製成。
一起來確認它們的特徵與使用方法吧。

粉狀明膠

明膠是高溫乾燥後，細細粉碎製成的粉。方便使用，是一般家庭製作時最常見的種類。具高彈力及黏性，融點比體溫略低，因此有入口即化的口感。

使用方法
還原粉狀明膠

在小缽盆中放入50ml的水，灑入5g的粉狀明膠。

Point 1為避免在同一個位置凝結，重點就是少量逐次地加入。

↓

用小型攪拌器，或湯匙充分混合攪拌。

Point 沒有立即混合攪拌，粉末會在底部凝固而不容易溶化。

板狀明膠

雖然粉狀明膠很常見，但糕點師等專業使用的大多是板狀明膠。板狀很容易測量，具透明感、口感佳。用大量的冷水浸泡還原後使用。

使用方法
還原板狀明膠

在大缽盆中放入大量的冷水，放入3片板狀明膠浸泡。約1～2分鐘後，板狀明膠還原變得柔軟為止。用筷子撈出，呈柔軟狀態即可。

Point 板狀明膠務必用冷水還原。水溫過高時，有可能會導致板狀明膠因而溶化。

將軟的明膠煮溶

在鍋中放入牛奶，用小火加熱至即將沸騰時熄火，放入還原後柔軟的明膠。牛奶一旦煮至沸騰，風味會揮發，因此煮至即將沸騰即熄火。明膠若沒有完全溶解在牛奶中，務必使用濾網過濾。

寒天的種類與基本的使用方法

以石花菜或大型海生紅藻 （Gracilaria)等海藻為原料的寒天，具有較明膠更強的凝固力。
特徵是常溫之下也能凝固、不會融化。

粉狀寒天

寒天液乾燥後製成的粉狀物。因為不需還原的手續，使用方便且透明度高而受到矚目。1包4g的粉狀寒天灑入水中，只要煮開就能簡單製作。

使用方法
還原粉狀寒天

在鍋中放入水，灑入粉狀寒天充分混合拌勻。

Point 務必要用冷水。水溫過高會使粉狀寒天不易溶化。

↓

以中火加熱煮至沸騰後，轉為小火，充分混拌2～3分鐘至粉狀寒天溶化為止。待粉狀寒天完全溶化後，加入細砂糖充分混拌。以茶葉濾網過濾寒天液。

Point 粉狀寒天若沒有完全煮沸，無法溶解。注意不要溢出的同時，在煮沸後立刻轉為小火。

条狀寒天該如何處理？

條狀寒天是1根約0.2g的細條狀。原料、製作方法幾乎都和棒狀寒天相同，因此處理方法請參考棒狀寒天。還原後，也能直接靈活運用在料理上。

棒狀寒天

傳承下來以傳統方法製成的寒天。在冬季寒冷時，放置室外凍結、乾燥製成。使用時，浸泡在水中還原，能做出滋味豐富且柔軟的美味成品。

使用方法
還原棒狀寒天

在大缽盆中放入大量的冷水，放入棒狀寒天浸泡。浸泡約3～4分鐘變柔軟後，將棒狀寒天擰乾，撕成小塊。

Point 棒狀寒天避免殘留水份地確實擰乾就是重點。

↓

煮溶棒狀寒天

在鍋中放入冷水、撕碎的寒天加熱。確實煮至溶化，加入細砂糖充分混拌。

Point 煮至沸騰後轉為小火，並注意不要溢出。待棒狀寒天溶化後，放入細砂糖。

↓

以茶葉濾網過濾寒天液。

Point 棒狀寒天容易殘留纖維，因此務必要以茶葉濾網過濾。

Jelly 1

提到 Jelly果凍，想到的就是在果汁或葡萄酒當中添加甜味，以明膠等使其冷卻、凝固製成，帶有彈力的甜點。本書中雖然介紹的是使用明膠的 Jelly果凍，但也有使用植物性的果膠、卡拉膠、寒天的成品。以可愛的模型製作、或倒入保存容器內，食用時舀碎享用、或倒入玻璃杯直接冷卻凝固等，能輕鬆製作就是最大的優點。建議可以用醬汁或搭配食材來增添享用樂趣。

冷卻凝固的標準參考時間是3～4小時，若有必要加長冷卻時間，會在食譜中註明。

材料　90ml的果凍模4個

A ┃ ・粉狀明膠 …… 5g
┃ ・水 …… 50ml
・牛奶 …… 300ml
・細砂糖 …… 30g
・香草精 …… 適量
・橙皮、薄荷 …… 各適量

製作方法

1 在略小的缽盆中放入 **A**的水份，灑入粉狀明膠，用攪拌器等充分混拌，還原（**a**）。

2 鍋中放入牛奶，用小火加熱至即將沸騰時，熄火（**b**）。加入**1**充分混拌使其溶解（**c**），加進細砂糖混拌。

3 待稍降溫後，添加香草精。以茶葉濾網過濾（**d**），倒入果凍模中（**e**），置於冷藏冷卻凝固。

4 在缽盆中放入熱水（80℃），將凝固的**3**連同模型快速浸入後脫模取出（**f**）盛盤，裝飾上橙皮、薄荷。

黃金比例奶凍

使用牛奶，
風味柔和的基本奶凍

粉狀明膠，灑入後立即充分混拌。

牛奶煮至沸騰會流失風味，所以在煮至沸騰前熄火。

趁牛奶溫熱時，加進明膠，混拌使其溶解就是重點。

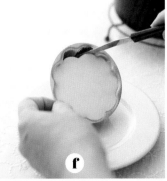

避免明膠末完全溶解，使用茶葉濾網過濾。

用水濕濕模型後倒入液狀奶凍，更容易脫模！

用小刀等插入模型間隙，使空氣進入。

澆淋一圈就立即變成日式甜品

抹茶醬

材料與製作方法　　方便製作的份量

在缽盆中放入2小匙抹茶粉，少量逐次地加入100ml熱水，充分混拌。加入3大匙煉乳，用茶葉濾網過濾，置於冷藏室冷卻。

濃郁香甜任何甜點都很搭

焦糖牛奶醬

材料與製作方法　　方便製作的份量

在鍋中放入2大匙的水、100g細砂糖，用中火加熱。熬煮細砂糖至周圍開始焦化時，邊晃動鍋子使全體焦化成茶色，待全體焦化成漂亮的焦糖色後，熄火。加入鮮奶油100ml，移至缽盆中。降溫後置於冷藏室冷卻。

醬汁的變化組合

利用大家都喜歡的草莓製作醬汁

草莓醬

材料與製作方法　　方便製作的份量

在食物調理機中放入100g草莓、2大匙細砂糖，攪打至滑順。

使用冷凍芒果的簡易食譜

熱帶芒果醬

材料與製作方法　　方便製作的份量

將解凍的芒果（冷凍）100g放入食物調理機內，加入2大匙細砂糖，攪打至滑順。

視覺、風味都令人耳目一新的酸甜搭配

紅莓果配料（Relish）

材料與製作方法　　方便製作的份量

在缽盆中放入以溫水還原的乾燥蔓越莓20g、去蒂切成4等分的草莓1個、覆盆子8顆、細砂糖2大匙，混拌，置於冷藏室冷卻。

恰到好處的酸味與奶凍的甜美完美搭配

熱帶水果醃漬

材料與製作方法　　方便製作的份量

在缽盆中放入切成塊狀的鳳梨30g、切成半圓形的香蕉1/4根、解凍的芒果（冷凍）30g混合拌勻。

搭配食材的變化組合

薄荷的清新爽口令人無法招架！

哈密瓜 & 薄荷的莫希托（Mojito）

材料與製作方法　　方便製作的份量

缽盆中放入切成1cm塊狀並撒上2小匙細砂糖的哈密瓜50g、切成薄片的綠檸檬（切成月牙狀）1片，置於冷藏室冷卻。適量地添加撕碎的薄荷葉。

風味具深度的組合

葡萄 & 醋栗果醬

材料與製作方法　　方便製作的份量

在缽盆中放入解凍切對半的葡萄（冷凍）6顆，加入3大匙醋栗果醬，混拌。

材料　玻璃杯4個

檸檬 …… 1個

A ┃ ·蜂蜜 …… 2大匙
　　┃ ·細砂糖 …… 30g

B ┃ ·粉狀明膠 …… 5g
　　┃ ·水 …… 50ml

·熱水 …… 350ml

·紅茶茶包（伯爵茶）…… 2個

·細砂糖 …… 30g

·現榨黃檸檬汁 …… 1個

·氣泡水、薄荷葉 …… 各適量

製作方法

1 黃檸檬切成2mm厚的圓片8片。在缽盆中放入切成圓片的黃檸檬、其餘的黃檸檬壓榨出的果汁與 **A** 一起混拌。製作黃檸檬糖漿。

2 在略小的缽盆中放入 **B** 的水，灑入粉狀明膠混拌，還原。

3 紅茶茶包用熱水沖泡成略濃的狀態。在缽盆中放入紅茶、**2**，充分混拌，加入細砂糖、黃檸檬汁。降溫後在缽盆底部墊放冰水冷卻。

4 將**3**倒入保存容器內，置於冷藏室冷卻凝固。

5 用湯匙將**4**舀出盛裝在玻璃杯內，倒入**1**的黃檸檬糖漿、氣泡水，在以**1**的黃檸檬片和薄荷葉。

黃檸檬氣泡水果凍的
茶蘇打

刺激感十足的氣泡和風味清新的糖漿

白桃果泥凍

用果汁製作非常簡單，
卻是令人心滿意足、入口即化的濃郁果凍。

材料　100ml的果凍模3個

A ‖ ・粉狀明膠 ……5g
　‖ ・水 ……50ml
・白桃果泥（nectar）……300ml
・細砂糖 ……30g
・紅莓果配料（P13）……適量

製作方法

1　在略小的缽盆中放入 A 的水，灑入粉狀明膠混拌，
　　還原。

2　在鍋中放入白桃果泥用小火加熱，至沸騰時立即熄
　　火。加入1使其溶化，放進細砂糖混拌。

3　將2倒入果凍模中，置於冷藏室冷卻凝固。

4　請參照奶凍（P11）的製作方法4，同樣地脫模取
　　出，盛盤，舀上紅莓果配料。

材料　玻璃杯3個

A ┃・粉狀明膠 ⋯⋯5g
　　┃・水 ⋯⋯50ml

・沖泡略濃的咖啡 ⋯⋯250ml

・細砂糖 ⋯⋯30g

・打發鮮奶油（七分打發）⋯⋯適量

・巧克力餅乾碎 ⋯⋯適量

製作方法

1 在略小的缽盆中放入 **A** 的水，灑入粉狀明膠混拌，還原。

2 將**1**加入熱咖啡中，使其充分溶化，放進細砂糖混拌。

3 在玻璃杯中倒入**2**，置於冷藏室冷卻凝固。

4 在**3**表面盛放打發鮮奶油，撒上剝碎的巧克力餅乾。

維也納咖啡凍

微苦的咖啡凍，
盛滿香甜打發鮮奶油

草莓 & 義式奶酪

濃郁醇厚的義式奶酪
與莓果酸味真是絕妙搭配

材料　玻璃杯4個

A ∥ ・粉狀明膠 …… 5g
　　 ・水 …… 50ml
・牛奶 …… 250ml
・細砂糖 …… 30g
・鮮奶油 …… 100ml
・香草精 …… 適量

B ∥ ・粉狀明膠 …… 5g
　　 ・水 …… 50ml

C ∥ ・水 …… 100ml
　　 ・草莓 …… 10個
　　 ・草莓果醬 …… 2大匙
　　 ・細砂糖 …… 20g
・草莓、藍莓、黑莓
　　 …… 各適量

製作方法

1 在略小的缽盆中放入 **A** 的水，灑入粉狀明膠混拌，還原。

2 在鍋中放入牛奶，用小火加熱至即將沸騰時熄火，加入**1**和細砂糖充分混拌使其溶解。

3 待**2**降溫後，加入鮮奶油和香草精。倒入玻璃杯中，置於冷藏室冷卻凝固。

4 將 **B** 放入耐熱缽盆中，與**1**同樣還原。

5 在食物調理機中放入 **C**，攪打至呈滑順狀後，用微波加熱1分鐘後，加入**4**。

6 將**5**倒至**3**的表面，置於冷藏室冷卻凝固。擺放切片的草莓、藍莓、黑莓。

草莓 & 義式奶酪

芒果 & 椰奶凍

芒果 & 椰奶凍

最後的裝飾搭配，
呈現出南國風情的夏季甜點

材料　玻璃杯6個

A ∥ ・粉狀明膠 …… 10g
　　 ・水 …… 100ml
・100% 芒果汁 …… 200ml
・細砂糖 …… 60g
・冷凍芒果（解凍。或罐裝）
　　 …… 200g
・椰漿 …… 50g

製作方法

1 在略小的缽盆中放入 **A** 的水，灑入粉狀明膠混拌，還原。

2 在鍋中放芒果汁，用小火加熱。煮至即將沸騰時熄火，加入**1**、細砂糖和芒果，混拌。

3 趁**2**溫熱時，用食物調理機攪打至滑順。待降溫後，冷卻至常溫。

4 在**3**的一半用量中加入椰漿混拌，倒入玻璃杯中，置於冷藏室冷卻凝固。

5 將其餘的**3**倒入保存容器內，置於冷藏室冷卻凝固。

6 在**4**的玻璃杯上，擺放以湯匙搗碎的**5**，飾以綠檸檬和檸檬馬鞭草。

材料　17.5 x 8 x 6cm的磅蛋糕模1個

A ·粉狀明膠 ⋯⋯5g

⋮·水 ⋯⋯50ml

·葡萄柚（白）⋯⋯2個

·葡萄油（粉紅）⋯⋯1個

·水 ⋯⋯250ml

·細砂糖 ⋯⋯30g

·蜂蜜 ⋯⋯10g

製作方法

1　在略小的缽盆中放入 **A**的水，灑入粉狀明膠混拌，還原。

2　將葡萄柚由果瓣中取出果肉，排放在廚房紙巾上瀝去水份。

3　在鍋中放入水煮至沸騰，加入細砂糖、蜂蜜和**1**，用小火煮至溶化。熄火，降溫後在缽盆底部墊放冰水冷卻。

4　在磅蛋糕模型中排放2層的**2**，將**3**由葡萄柚表面澆淋至模型中，置於冷藏室冷卻凝固。待凝固後，再次舖放**2**，倒入**3**。重覆動作至填滿磅蛋糕模，置於冷藏室冷卻7～8小時以上，至充分冷卻。

5　在略大的缽盆中放入熱水（80℃），將凝固的**4**連同模型快速浸入後脫模取出，切成方便享用的大小。

葡萄柚的果肉凍

葡萄柚和果凍，
就像是填裝了寶石般亮眼

藍莓果泥優格聖代

橙皮杯果凍

橙皮杯果凍

用橙皮作為盛裝的模具，
是外觀可愛又爽口的果凍

材料　月牙形8個

A ┃ ・粉狀明膠 …… 5g
　　┃ ・水 …… 50ml
・柳橙 …… 4個（果汁250ml）
・100% 柳橙汁 …… 適量
・細砂糖 …… 40g

製作方法

1 在略小的缽盆中放入 **A** 的水，灑入粉狀明膠混拌，還原。用微波加熱1分鐘，使其溶化。

2 柳橙對半切開，在缽盆中確實擠出果汁。當果汁用量不足時，以柳橙汁補足。柳橙皮乾淨地挖除其中白色內膜。

3 在**2**的缽盆中放入**1**、細砂糖，充分混拌。倒入**2**的柳橙中，置於冷藏室冷卻凝固，切成月牙形片狀享用。

藍莓果泥優格聖代

搭配了使用大量藍莓的
酸甜果泥

材料　玻璃杯4個

A ┃ ・粉狀明膠 …… 5g
　　┃ ・水 …… 50ml
・藍莓（冷凍）…… 100g
・細砂糖 …… 50g
・水 …… 100ml
B ┃ ・原味優格（無糖）
　　┃ 　…… 200g
　　┃ ・蜂蜜 …… 2大匙
・薄荷葉 …… 適量

製作方法

1 在略小的缽盆中放入 **A** 的水，灑入粉狀明膠混拌，還原。

2 在鍋中放入冷凍狀態的藍莓、細砂糖和水，用中火加熱。煮至沸騰後，轉為小火，約煮10分鐘。加入**1**使其溶化。

3 待**2**降溫後，倒入保存容器內，置於冷藏室冷卻凝固。

4 用湯匙將**3**舀出至玻璃杯中，依序擺放混拌好的 **B**、舀碎的**3**，再飾以薄荷葉。

羽衣甘藍冰沙凍

營養滿點的羽衣甘藍，製成的軟滑果凍

材料　玻璃杯6個

A ┃ ·粉狀明膠 …… 5g
　　┃ ·水 …… 50ml
· 羽衣甘藍 …… 70g
· 葡萄柚 …… 1/2個
· 100%的蘋果汁 …… 150ml＋100ml
· 原味優格（無糖）、甘藍、
　綠檸檬（切成月牙狀）…… 各適量

製作方法

1 在略小的缽盆中放入 A 的水，灑入粉狀明膠混拌，還原。

2 甘藍切成粗粒，葡萄柚切成一口大小。

3 將**2**、蘋果汁150ml放入食物調理機內，攪打至呈滑順狀。

4 在鍋中放入100ml的蘋果汁、**1**，用小火溫熱，加入**3**混拌，熄火。

5 待降溫，倒入保存容器內，置於冷藏室冷卻凝固。用湯匙舀碎盛放在玻璃杯中，再舀入適量優格，放入羽衣甘藍、綠檸檬片。

羽衣甘藍冰沙凍

小番茄＆羅勒湯凍

小番茄 & 羅勒湯凍

家庭宴客時會想要招待客人！義式風味的湯凍

材料　玻璃杯4個

· 小番茄（紅、黃、綠）…… 各10個

A ┃ ·粉狀明膠 …… 5g
　　┃ ·水 …… 50ml
· 水 …… 350ml
· 法式清高湯粉 …… 1小匙
· 鹽 …… 1/2小匙
· 白胡椒粉 …… 適量
· 黃檸檬汁 …… 1小匙
· 羅勒葉 …… 4～5片
· 現磨黑胡椒粉 …… 適量

製作方法

1 小番茄用熱水略浸泡汆燙後剝去表皮。

2 在略小的缽盆中放入 A 的水，灑入粉狀明膠混拌，還原。

3 在鍋中放入水，煮至沸騰後加入法式清高湯粉混拌，熄火。加入**2**充分混拌使其溶解，至降溫後，加入鹽、白胡椒粉、黃檸檬汁，放涼。

4 將**3**倒入保存容器內，加進**1**，置於冷藏室冷卻凝固。

5 用湯匙舀碎**4**盛放在玻璃杯中，撒上切碎的羅勒葉、現磨黑胡椒粉。

桑格利亞酒凍（sangría）

飄散著水果和葡萄酒香氣的成熟風味

材料　玻璃杯6個

A ・粉狀明膠 …… 5g
　　・水 …… 50ml
・100%柳橙汁 …… 200ml
・紅葡萄酒 …… 100ml
・蜂蜜 …… 2大匙
・細砂糖 …… 2大匙
・葡萄柚（白、紅）果肉、柳橙皮絲 …… 各適量

製作方法

1 在略小的缽盆中放入**A**的水，灑入粉狀明膠混拌，還原。

2 在鍋中放入柳橙汁、紅葡萄酒，煮至沸騰後熄火，加入**1**充分混拌使其溶解。加入蜂蜜、細砂糖混拌至溶解。

3 待降溫後，倒入保存容器內，置於冷藏室冷卻凝固。用湯匙舀碎，與2種顏色的葡萄柚果肉交替地盛放在玻璃杯中，放上切成細絲的柳橙皮。

桑格利亞酒凍　　　　哈密瓜甜湯凍

Jelly

哈密瓜甜湯凍

就像正統餐廳般的呈現，表面放上大量的薄荷葉和黃檸檬皮

材料　4盤

A ・粉狀明膠 …… 5g
　　・水 …… 50ml
・牛奶 …… 150ml
・細砂糖 …… 30g
・鮮奶油 …… 100ml
・苦杏仁精 …… 2小匙
・哈密瓜 …… 200g
・薄荷葉、黃檸檬皮 …… 各適量

製作方法

1 在略小的缽盆中放入**A**的水，灑入粉狀明膠混拌，還原。

2 在鍋中放入牛奶，用小火煮至即將沸騰後，熄火，加入**1**、細砂糖，充分混拌使其溶解。

3 待降溫後，加入鮮奶油、苦杏仁精混拌，倒入保存容器內，置於冷藏室冷卻凝固。

4 哈密瓜放入食物調理機中，攪打至滑順後，倒入保存容器內，置於冷藏室冷卻備用。

5 將**4**倒至深湯盤中，以湯匙舀碎**3**放入。撒上薄荷葉和切成細絲的黃檸檬皮。

Pudding 2

Pudding 布丁是以雞蛋、牛奶和砂糖為基本材料，以蒸氣製作的蒸布丁、用烤箱烘烤的烤布丁、添加明膠等冷卻凝固的免烤布丁等，依製作方法而有各式各樣的種類。本書介紹的是以一支平底鍋就能完成，黃金比例的蒸布丁＆冷卻凝固的免烤布丁配方。當然也有各式各樣的變化組合，包括最基本款的布丁，小朋友們最愛的草莓、芒果布丁，以及大人們也能樂在其中的巧克力布丁等。

冷卻凝固的時間參考標準是3～4小時。但若有必須加長冷卻時間的配方，會在食譜內註明。

材料　140ml的布丁模4個

A ・細砂糖 …… 50g
　　・水 …… 40ml
　　・熱水 …… 20ml

・雞蛋 …… 3個
・蛋黃 …… 2個
・細砂糖、蔗糖 …… 各30g
・牛奶 …… 30ml
・香草精 …… 適量

黃金比例
簡易布丁

雞蛋和牛奶的經典布丁。
最適合搭配焦化的焦糖

製作方法

1 在鍋中放入 **A** 的水、細砂糖，以中火加熱。煮至細砂糖周圍開始焦化時，邊晃動鍋子邊使全體均勻焦化成茶色（**a**）。待全體焦化成漂亮的焦糖色時，熄火，鍋子向外側傾斜並加入熱水（**b**）。

2 將**1**倒入布丁模型中（**c**）。

3 在缽盆中放入雞蛋攪散，再放入蛋黃、細砂糖、蔗糖，充分混拌（**d**）。在鍋中放入牛奶，用小火加熱至即將沸騰時，熄火。

4 在**3**的缽盆中少量逐次地加入溫熱的牛奶，充分混拌（**e**），添加香草精，用茶葉濾網過濾（**f**），倒入**2**中。

5 在平底鍋加入熱水（用量外／約5cm高），舖放廚房紙巾，再並排放入**4**（**g**）。用布巾包覆平底鍋的蓋子，蓋上鍋蓋（**h**），以極小的火蒸約20分鐘。熄火後直接在平底鍋中放至冷卻，取出置於冷藏室充分冷卻。

糖焦化後，使全體形成焦色的均勻晃動鍋子。

注入熱水時焦糖會噴濺，因此務必使鍋子朝外側傾斜。

趁熱將焦糖倒入布丁模中使其凝固備用。

為能攪散黏稠的雞蛋，充分混拌就是重點。

少量逐次地加入溫熱的牛奶，每次加入都混拌使砂糖溶化。

蛋液務必過濾，以除去雞蛋繫帶。

為避免布丁模型晃動，墊放廚房紙巾。

完成蒸煮後，直接放置使餘溫能傳導至中心。

只要加一點就能讓布丁升級
無花果醬

材料與製作方法　　方便製作的份量

在缽盆中放入去皮切碎的無花果1
個，撒入細砂糖1大匙，靜置10分鐘。

醬汁的變化組合

甜味和辣味的絕妙組合！
鳳梨 & 黑胡椒醬

材料與製作方法　　方便製作的份量

在食物調理機中放入切成大塊的鳳梨
50g，攪打成果泥，加入1大匙細砂
糖混拌。澆淋在布丁上，再適量地撒
上現磨的黑胡椒（粗粒）。

最經典的組合，
也能輕鬆地搭配布丁以外的甜點
蘋果 & 肉桂醬

材料與製作方法　　方便製作的份量

在鍋中放入去皮切成5mm塊狀的蘋
果1/4個、100%蘋果汁100ml，熬
煮至留有少量果汁時，加入2大匙蜂
蜜、適量的肉桂粉混拌。

添加1茶匙就是成熟的大人風味
蘭姆葡萄乾

材料與製作方法　　方便製作的份量

在鍋中放入4大匙的葡萄乾、100ml
的水煮至沸騰，再轉以小火煮約3～
4分鐘，放涼。用網篩撈出放至缽盆
中，加入2大匙細砂糖、1大匙蘭姆
酒混拌。放入保存容器內，置於冷藏
室一夜，使其入味。

黑糖蜜的甜讓人放鬆
黑豆 & 黑糖蜜
材料與製作方法　　　方便製作的份量

在保存容器內放入黑豆（煮熟豆粒）
12粒、2大匙黑糖蜜，靜置於冷藏室
一夜使其入味。

香脆令人成癮的口感
焦糖法式長棍
材料與製作方法　　　方便製作的份量

薄切法式長棍1片切成1cm方丁，略
略烘烤後擺放在布丁上，澆淋適量的
焦糖醬（P25）。

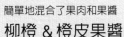
搭配食材的變化組合

簡單地混合了果肉和果醬
柳橙 & 橙皮果醬
材料與製作方法　　　方便製作的份量

在缽盆中放入1/4個從柳橙果瓣中取
出對半斜切的果肉，加入2大匙橙皮
果醬均勻混拌。

小朋友們絕對喜歡的組合！
香蕉焦糖
材料與製作方法　　　方便製作的份量

在缽盆中放入剝皮切成薄片的香蕉
1根，加入2大匙市售的焦糖醬均勻
混拌。

Pudding

製作方法

1 參照黃金比例簡易布丁（P25）**1**、**2**的製作方法，同樣地製作焦糖醬，倒入布丁模中。

2 在鍋中放入牛奶，用小火加熱至即將沸騰時，熄火。在缽盆中放入雞蛋攪散，再放入細砂糖，充分混拌，少量逐次地加入溫熱的牛奶，充分拌勻，添加香草精。

3 用茶葉濾網過濾，倒入**1**的布丁模中。

4 在平底鍋加入熱水（用量外），舖放廚房紙巾，再並排放入**3**。蓋上用布巾包覆的平底鍋蓋，以極小的火蒸約20分鐘。

5 熄火後直接在平底鍋中放至冷卻，置於冷藏室充分冷卻。

古早味布丁

滋味令人懷念的布丁。
利用盛盤呈現懷舊咖啡廳風格

材料　140ml的布丁模4個
焦糖醬
 ・細砂糖 …… 50g
 ・水 …… 40ml
 ・熱水 …… 20ml
・牛奶 …… 300ml
・雞蛋 …… 3個
・細砂糖 …… 50g
・香草精 …… 適量

入口即化布丁

鮮奶油的濃郁滋味就是重點。
在家就能完成入口即化的感動！

Pudding

材料　燉盅4個

焦糖醬
- ・細砂糖 …… 50g
- ・水 …… 40ml
- ・熱水 …… 20ml
- ・牛奶 …… 200ml
- ・蛋黃 …… 3個
- ・細砂糖 …… 50g
- ・鮮奶油 …… 100ml
- ・香草精 …… 適量

製作方法

1 參照黃金比例簡易布丁（P25）的製作方法**1**，同樣地製作焦糖醬。

2 在鍋中放入牛奶，用小火加熱至即將沸騰時，熄火。在缽盆中放入蛋黃、細砂糖，充分混拌，少量逐次地加入溫熱的牛奶充分混拌，添加鮮奶油、香草精。

3 用茶葉濾網過濾**2**，倒入**1**的燉盅。

4 在平底鍋加入熱水（用量外），鋪放廚房紙巾，再並排放入**3**。蓋上用布巾包覆的平底鍋蓋，以極小的火蒸約20分鐘。

5 熄火後直接在平底鍋中放至冷卻，置於冷藏室充分冷卻。淋上**1**的焦糖醬。

製作方法

1 在略小的缽盆中放入 A 的水，灑入粉狀明膠混拌，還原。

2 在鍋中放入牛奶，用小火加熱至即將沸騰時，熄火，加入1充分混拌。

3 在攪拌機中放入 B，攪拌至呈滑順狀態後，倒入2混拌。

4 將3倒入用水濡濕的布丁模中，置於冷藏室充分冷卻凝固。

5 參照奶凍（P11）的製作方法4，同樣地脫模取出盛盤，裝飾上打發鮮奶油，佐以切半的草莓。

草莓牛奶布丁

草莓的酸和甜味，超滿足。
用攪拌機滑順地製作完成

材料　160ml的布丁模2個

A │ ・粉狀明膠 ⋯⋯5g
　 │ ・水 ⋯⋯50ml
・牛奶 ⋯⋯50ml

B │ ・牛奶 ⋯⋯100ml
　 │ ・草莓 ⋯⋯10個
　 │ ・細砂糖 ⋯⋯40g
・打發鮮奶油、草莓 ⋯⋯各適量

咖啡歐蕾布丁

香甜牛奶布丁
最適合搭配微苦的咖啡醬

材料　玻璃杯4個

A ｜・粉狀明膠 …… 5g
　 ｜・水 …… 50ml
・牛奶 …… 200ml
・細砂糖 …… 30g
・即溶咖啡 …… 2小匙
B ｜・牛奶 …… 100ml
　 ｜・黑糖 …… 20g
　 ｜・即溶咖啡 …… 2大匙
・打發鮮奶油、咖啡豆
　　　…… 各適量

製作方法

1　在略小的鉢盆中放入 A
　 的水，灑入粉狀明膠混
　 拌，還原。

2　在鍋中放入牛奶，用小
　 火加熱至即將沸騰時，
　 熄火，加入1充分混拌。
　 加入細砂糖、即溶咖啡
　 混拌，以茶葉濾網過濾。

3　降溫後，倒入玻璃杯，置
　 於冷藏室充分冷卻凝固。

4　材料 B 在容器中混合，
　 置於冷藏室冷卻備用。
　 取出淋在3的表面，裝
　 飾上打發鮮奶油，撒上
　 研磨的咖啡豆粗粒。

咖啡歐蕾布丁

抹茶牛奶布丁

抹茶和鮮奶油
乳霜般的滑順滋味

材料　160ml的布丁模2個

A ｜・粉狀明膠 …… 5g
　 ｜・水 …… 50ml
・抹茶 …… 1大匙
・熱水 …… 4大匙
・牛奶 …… 200ml
・細砂糖 …… 30g
・煉乳 …… 1大匙
・鮮奶油 …… 50ml

製作方法

1　在略小的鉢盆中放入 A
　 的水，灑入粉狀明膠混
　 拌，還原。

2　在鉢盆中放入抹茶、熱
　 水，充分混合備用。

3　在鍋中放入牛奶，用小
　 火加熱至即將沸騰時，
　 熄火，加入1充分混拌
　 使其溶解。加入細砂糖、
　 煉乳、2，充分混拌後，
　 用茶葉濾網過濾至鉢盆
　 中。待降溫後，加入鮮
　 奶油。

4　在3的鉢盆底部墊放冰
　 水，使其冷卻冰涼。倒
　 入布丁模中，置於冷藏
　 室充分冷卻凝固，之後
　 脫模取出盛盤。

抹茶牛奶布丁

製作方法

1 在略小的耐熱缽盆中放入 **A** 的水，灑入粉狀明膠混拌，還原。微波加熱1分鐘使其溶化。

2 在食物調理機中放入解凍芒果150g、水、細砂糖，攪打至呈滑順狀。

3 鍋中放入 **2**，溫熱至40℃左右，加入 **1**、鮮奶油充分混拌。

4 降溫後，將 **3** 倒入模型中，放入解凍的芒果150g，置於冷藏室充分冷卻凝固。

5 在缽盆中放入熱水（80℃），將凝固的 **4** 連同模型快速浸入熱水後脫模取出。混合 **B** 後澆淋。

芒果布丁

使用冷凍芒果，
輕易就能完成的濃郁布丁

材料　240ml的模型2個

A ・粉狀明膠 …… 5g
　　・水 …… 50ml
・芒果（冷凍）…… 150g + 150g
・水 …… 50ml
・細砂糖 …… 30g
・鮮奶油 …… 50ml
B ・椰漿 …… 2大匙
　　・煉乳 …… 1大匙

小朋友巧克力布丁

使用可可柔和的
巧克力風味

材料　200ml的布丁模2個
A ｜・粉狀明膠 ……5g
　｜・水 ……50ml
・牛奶 ……250ml
・細砂糖 ……30g
・可可粉 ……2大匙

製作方法

1 在略小的缽盆中放入 A 的水，灑入粉狀明膠混拌，還原。

2 在鍋中放入牛奶，用小火加熱至即將沸騰時，熄火，加入 **1** 充分混拌使其溶解。加入細砂糖混拌。

3 在略小的缽盆中灑入可可粉，少量逐次地加入 **2**，使其充分混合後，用茶葉濾網過濾。

4 待降溫後，倒入模型中，置於冷藏室充分冷卻凝固。凝固後連同模型快速浸入熱水後脫模取出。

小朋友巧克力布丁

大人味巧克力布丁

大人味巧克力布丁

蘭姆酒隱約的苦味就是重點。
只有自己做才能品嚐到的風味

材料　燉盅2個
・牛奶 ……150ml
・苦甜巧克力 ……2片（約100~120g）
・雞蛋 ……1個
・鮮奶油 ……100ml
・蘭姆酒 ……2小匙
・香草冰淇淋、蘭姆葡萄乾（P26）、
　可可粉 ……各適量

製作方法

1 在鍋中放入牛奶，用小火加熱至即將沸騰時，熄火。

2 在缽盆中放入切碎的巧克力、攪散的雞蛋、**1**，充分混拌。加入鮮奶油、蘭姆酒，再次充分混拌。

3 用茶葉濾網過濾 **2** 至燉盅。

4 在平底鍋加入熱水（用量外），鋪放廚房紙巾，再並排放入 **3**。蓋上用布巾包覆的平底鍋蓋，以極小的火蒸約20分鐘。熄火後直接在平底鍋中放至冷卻，置於冷藏室充分冷卻。

5 將香草冰淇淋舀在 **4** 上，在以蘭姆葡萄乾，用茶葉濾網篩上可可粉。

黑糖蜜黃豆粉布丁

清爽的豆漿布丁上，澆淋大量黑糖蜜和黃豆粉

材料　容器5個

A ｜ ・粉狀明膠 …… 5g
　　｜ ・水 …… 50ml

・豆漿 …… 250ml

・細砂糖 …… 30g

・鮮奶油 …… 50ml

・黑豆＆黑糖蜜（P27）、黃豆粉 …… 各適量

製作方法

1 在略小的缽盆中放入 **A** 的水，灑入粉狀明膠充分混拌，還原。

2 在鍋中放入豆漿，用小火加熱至即將沸騰時，熄火，加入 **1** 充分混拌使其溶解。加入細砂糖、鮮奶油混拌。待降溫後，倒入容器內置於冷藏室充分冷卻凝固。

3 在 **2** 上澆淋黑豆＆黑糖蜜、黃豆粉再享用。

豆漿＆豆皮濃布丁

黑糖蜜黃豆粉布丁

豆漿 & 豆皮濃布丁

單純溫和的滋味，與豆皮相互搭配

材料　玻璃杯6個

A ｜ ・粉狀明膠 …… 5g
　　｜ ・水 …… 50ml

・豆漿 …… 300ml

・細砂糖 …… 30g

・薑汁 …… 2小匙

・豆皮 …… 適量

製作方法

1 在略小的缽盆中放入 **A** 的水，灑入粉狀明膠充分混拌，還原。

2 在鍋中放入豆漿，用小火加熱至即將沸騰時，熄火，加入 **1**、細砂糖充分混拌使其溶解。

3 待降溫後，加入薑汁混拌。倒入玻璃杯中，置於冷藏室充分冷卻凝固，食用前放上豆皮。

黑糖風味奶茶布丁

紅茶中添加香料，
正統的異國布丁甜點

材料　陶瓷杯5個
焦糖醬
- 細砂糖 …… 50g
- 水 …… 40ml
- 熱水 …… 20ml

A
- 紅茶茶包 …… 3個
- 熱水 …… 100ml
- 肉桂棒 …… 1根
- 八角 …… 1/2個
- 丁香 …… 3粒

- 牛奶 …… 300ml
- 紅糖 …… 40g
- 雞蛋 …… 2個
- 蛋黃 …… 1個
- 肉桂粉 …… 適量

製作方法

1 參照黃金比例簡易布丁（P25）的製作方法1，同樣地製作焦糖醬。

2 在鍋中放入A，用小火煮約2～3分鐘。

3 在另外的鍋中放入牛奶，用小火加熱至即將沸騰時，熄火，加入2、紅糖，充分混拌，用茶葉濾網過濾。

4 在缽盆中放入雞蛋、蛋黃充分混拌。少量逐次加入3混拌，用茶葉濾網過濾，倒入陶瓷杯中。

5 在平底鍋加入熱水（用量外），鋪放廚房紙巾，再並排放入4。蓋上用布巾包覆的平底鍋蓋，以極小的火蒸約20分鐘。熄火後直接在平底鍋中放至冷卻，置於冷藏室冰涼。

6 在5上澆淋1，篩上肉桂粉。

黑糖風味奶茶布丁

西瓜杏仁布丁

西瓜杏仁布丁

簡單的添加杏仁精而已。
喜歡杏仁味的人難以抗拒的美味

材料　玻璃杯4個

A
- 粉狀明膠 …… 5g
- 水 …… 50ml

- 牛奶 …… 300ml
- 細砂糖 …… 20g
- 杏仁精 …… 適量
- 西瓜 …… 2片（300g）

製作方法

1 在略小的缽盆中放入A的水，灑入粉狀明膠充分混拌，還原。

2 在鍋中放入牛奶，用小火加熱至即將沸騰時，熄火，加入1充分混拌使其溶解，加入細砂糖混拌。待降溫後，添加杏仁精，倒入玻璃杯中，置於冷藏室充分冷卻凝固。

3 削去西瓜皮，取甜的上半部（約100g）切成小方塊，其餘用攪拌機攪打成醬汁。

4 在2上澆淋3的醬汁，擺放西瓜塊，再次冷卻。

Pudding

Bavarian cream & Mousse 3

Bavarian 芭芭露亞是在牛奶、蛋黃、砂糖等製作的卡士達醬汁中添加明膠，再拌入打發鮮奶油，倒入模型冷卻凝固，成為Q軟口感的甜點。Mousse 慕斯是「氣泡」的意思，利用蛋白和鮮奶油打發後，混拌砂糖、明膠凝固製成的點心，相較於芭芭露亞，特徵是口感更加鬆軟滑順。咖啡、抹茶、巧克力、黃檸檬風味等，變化組合廣泛，也能與水果一同享用。

冷卻凝固的時間參考標準是3～4小時。但若有必須加長冷卻時間的配方，會在食譜內註明。

材料　110ml模型 5個

A ┃ ・粉狀明膠 …… 5g
　　┃ ・水 …… 50ml

・蛋黃 …… 2個
・細砂糖 …… 40g
・牛奶 …… 150ml
・香草精 …… 適量
・鮮奶油 …… 200ml

濃郁
芭芭露亞

有著大量鮮奶油的濃郁
口感 Q 彈的芭芭露亞

製作方法

1 在略小的缽盆中放入 **A** 的水，灑入粉狀明膠用攪拌器充分混拌，還原（**a**）。

2 在缽盆中放入蛋黃、細砂糖，用攪拌器充分混拌至顏色發白（**b**）。在鍋中放入牛奶，用小火加熱至即將沸騰時，熄火，少量逐次地加入缽盆中混拌（**c**）。

3 將 **2** 倒回鍋中，用中火加熱至略產生稠度時熄火（**d**），將 **1** 加入混拌使其溶化。待降溫後，用茶葉濾網過濾至缽盆中。在缽盆底部墊放冰水（**e**），混拌使其冷卻至產生濃稠，添加香草精。

4 在另外的缽盆中放入鮮奶油，攪打至七分打發（**f**）。

5 先將1/3用量的 **4** 加入 **3** 中，充分混拌（**g**），再加入其餘的 **4** 混拌均勻。倒入濡濕的模型中（**h**），置於冷藏室充分冷卻凝固。模型底部浸潤熱水（80℃），脫模取出。

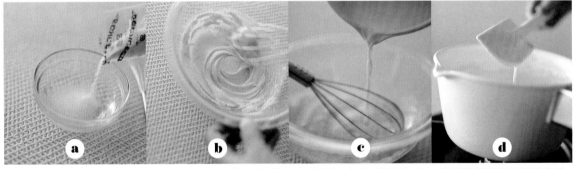

粉狀明膠灑入後立即充分混拌。

在此確實攪打使蛋黃乳化，做出滑順口感。

少量逐次加入溫熱的牛奶，每次加入都充分混拌。

避免鍋底燒焦地邊用橡皮刮刀仔細混拌，邊加熱。

在此冷卻至產生濃稠，就是做出滑順口感的重點。

鮮奶油打發至會留下攪拌器痕跡的軟硬度。

打發鮮奶油混拌至與 **3** 相同濃稠的狀態。

立刻倒入濡濕的模型中，輕敲模型底部以排除氣泡。

用酸甜醬汁完成清爽的甜點

杏桃醬

材料與製作方法　　方便製作的份量

在食物調理機中放入杏桃（罐頭）80g、細砂糖1大匙，攪打成滑順狀。

牛奶甜點中更具奶香的滋味

牛奶醬

材料與製作方法　　方便製作的份量

在鍋中加入牛奶150ml、細砂糖1大匙、玉米粉2小匙，用小火加熱，邊混拌至濃稠邊熬煮。冷卻後倒入保存容器，置於冷藏室冷卻。

醬汁的變化組合

簡易食譜製作出咖啡廳風格的甜點

綜合莓果醬

材料與製作方法　　方便製作的份量

在食物調理機中放入去蒂草莓5個、藍莓10顆、細砂糖1大匙，攪打至滑順。

甜點裡力道十足的苦味

深焙咖啡醬

材料與製作方法　　方便製作的份量

在保存容器內放入100ml濃縮咖啡、1大匙細砂糖、1/2小匙蘭姆酒，充分混拌，置於冷藏室冷卻。

給人暖心感受的日式配料

抹茶凍 & 紅豆

材料與製作方法　　方便製作的份量

在鍋中放入350ml的水煮至沸騰，加入還原的明膠（50ml水中灑入5g的粉狀明膠混拌）、細砂糖30g和抹茶泥（1小匙抹茶、1大匙熱水充分混拌而成），用茶葉濾網過濾至保存容器內，置於冷藏室使其冷卻凝固。以湯匙舀取再搭配適量熬煮過的蜜紅豆粒一同搭配芭芭露亞享用。

罐頭食材加點工夫，變身芳香的糖煮洋梨

洋梨 & 香料

材料與製作方法　　方便製作的份量

在鍋中放入洋梨（罐頭）的糖漿100ml、對折的肉桂棒2支、八角1/2個，用小火加熱，煮至沸騰後，熄火。冷卻後加入2片切成月牙狀的洋梨（罐頭），放入保存容器內。置於冷藏室一夜，使其入味。

搭配食材的變化組合

Bavarian cream & Mousse

建議使用高營養價值的洋李

糖煮洋李

材料與製作方法　　方便製作的份量

在鍋中放入略濃的紅茶100ml、細砂糖1大匙、肉桂棒2支、八角1/2個，用小火加熱，煮至沸騰後熄火。加入乾燥洋李8顆，冷卻後放入保存容器內。置於冷藏室一夜，使其入味。

香氣十足的堅果才有的濃郁甜味

焦糖堅果

材料與製作方法　　方便製作的份量

在缽盆中放入烤焙過的綜合堅果50g、焦糖醬（市售）2大匙混拌。

摩卡芭芭露亞

咖啡的香氣令人放鬆。
有著微微苦味的甜點

材料　燉盅5個

A ┃ ·粉狀明膠 …… 5g
　　┃ ·水 …… 50ml
·蛋黃 …… 2個
·細砂糖 …… 40g
·牛奶 …… 150ml
B ┃ ·即溶咖啡 …… 2小匙
　　┃ ·熱水 …… 1大匙
·香草精 …… 適量
·蘭姆酒 …… 2小匙
·鮮奶油 …… 200ml
C ┃ ·熱水 …… 2大匙
　　┃ ·即溶咖啡、黑糖蜜
　　┃ 　　 …… 各1大匙
　　┃ ·煉乳 …… 2小匙
·肉桂粉 …… 適量

製作方法

1 在略小的缽盆中放入 **A** 的水，灑入粉狀明膠用攪拌器等充分混拌，還原。

2 在缽盆中放入蛋黃、細砂糖，用攪拌器充分混拌至顏色發白。在鍋中放入牛奶，用小火加熱至即將沸騰。

3 少量逐次地將溫熱牛奶加入 **2** 的缽盆中，每次加入都混拌均勻。倒回鍋中，用中火邊混拌邊加熱至略產生稠度時熄火，加入 **1** 和混合好的 **B** 使其溶化。待降溫後，用茶葉濾網過濾至缽盆中。在缽盆底部墊放冰水，邊混拌使其冷卻至產生濃稠，添加香草精、蘭姆酒混拌。

4 在另外的缽盆中放入鮮奶油，攪打至七分打發。

5 先將1/3用量的 **4** 加入 **3** 中充分混拌，再加入其餘的 **4** 混拌均勻。倒入燉盅內，置於冷藏室充分冷卻凝固。

6 澆淋混合後冷卻的 **C**，篩上肉桂粉。

材料　玻璃杯3個

A ┃ ・粉狀明膠 …… 5g
　　┃ ・水 …… 50ml
・蛋黃 …… 2個
・細砂糖 …… 40g
・牛奶 …… 150ml
・鮮奶油 …… 200ml
・草莓 …… 200g
B ┃ ・細砂糖 …… 40g
　　┃ ・黃檸檬汁 …… 1小匙
・草莓（裝飾用）…… 1又1/2個

製作方法

1　去蒂草莓放入攪拌機內，加入 **B**，攪拌。

2　在略小的缽盆中放入 **A** 的水，灑入粉狀明膠用攪拌器等充分混拌，還原。

3　在缽盆中放入蛋黃、細砂糖，用攪拌器充分混拌至顏色發白。在鍋中放入牛奶，用小火加熱至即將沸騰，熄火。

4　少量逐次地將溫熱牛奶加入 **3** 的缽盆中，每次加入都混拌均勻。倒回鍋中，用中火邊混拌邊加熱至略產生濃稠度時熄火，加入 **2** 混拌使其溶化。待降溫後，用茶葉濾網過濾至缽盆中。在缽盆底部墊放冰水，邊混拌使其冷卻至產生濃稠，加入 **1** 的2/3用量。

5　在另外的缽盆中放入鮮奶油，攪打至七分打發。

6　先將1/3用量的 **5** 加入 **4** 中充分混拌，再加入其餘的 **5** 混拌均勻。倒入玻璃杯內，置於冷藏室充分冷卻凝固。

7　倒入剩餘的 **1**，擺放對切的草莓。

草莓芭芭露亞

最後倒入草莓醬汁，成為雙層可愛的芭芭露亞

紅茶芭芭露亞

擺放了香料風味十足的
糖煮洋李，是奶茶風味的
芭芭露亞

材料　燉盅4個

A ‖ ·粉狀明膠 …… 5g
　　‖ ·水 …… 50ml
· 紅茶（伯爵茶葉）…… 2大匙
· 熱水 …… 100g
· 牛奶 …… 150ml
· 細砂糖 …… 40g
· 鮮奶油 …… 200ml
· 糖煮洋李（P41）…… 適量

製作方法

1 在容器內放入紅茶注入
熱水，沖泡成略濃的紅
茶，用茶葉濾網過濾。

2 在略小的缽盆中放入 **A**
的水，灑入粉狀明膠用
攪拌器充分混拌，還原。

3 在鍋中放入牛奶，用小
火加熱至即將沸騰。加
入 **2**、細砂糖，充分混
拌使其溶解，加入 **1**。待
降溫後，用茶葉濾網過
濾至缽盆中。在缽盆底
部墊放冰水，邊混拌使
其冷卻至產生濃稠。

4 在另外的缽盆中放入鮮
奶油，攪打至七分打發。

5 將1/3用量的 **4** 加入 **3**
中充分混拌，加入其餘
的 **4** 混拌均勻。

6 倒入燉盅內，置於冷藏
室充分冷卻凝固。擺放
糖煮洋李與汁液。

抹茶芭芭露亞

紅茶芭芭露亞

抹茶芭芭露亞

西式糕點芭芭露亞，
用日式抹茶紅豆來搭配

材料　玻璃杯6個

A ‖ ·粉狀明膠 …… 5g
　　‖ ·水 …… 50ml
· 抹茶 …… 1大匙
· 熱水 …… 4大匙
· 蛋黃 …… 2個
· 細砂糖 …… 40g
· 牛奶 …… 150ml
· 鮮奶油 …… 200ml
· 抹茶凍 & 紅豆（P41）
　　…… 適量

製作方法

1 在略小的缽盆中放入 **A**
的水，灑入粉狀明膠用攪
拌器充分混拌，還原。抹
茶用熱水溶化備用。

2 在缽盆中放入蛋黃、細
砂糖，用攪拌器充分混
拌至顏色發白。在鍋中
放入牛奶，用小火加熱
至即將沸騰。

3 少量逐次地將溫熱牛奶
加入 **2** 的缽盆中。倒回
鍋中，用中火邊混拌邊
加熱至略產生稠度時熄
火，加入 **1**。待降溫後，
用茶葉濾網過濾至缽盆
中。在缽盆底部墊放冰
水，邊混拌使其冷卻至
產生濃稠。

4 在另外的缽盆中放入鮮
奶油，攪打至七分打發。

5 先將1/3用量的 **4** 加入 **3**
充分混拌，再加入其餘
的 **4** 混拌均勻。倒入玻
璃杯內，置於冷藏室充
分冷卻凝固。

6 表面舀入抹茶凍 & 紅豆。

雙色葡萄芭芭露亞

杏桃芭芭露亞

咖啡廳菜單般
令人懷念的芭芭露亞

材料　160ml模型2個

A ∥ ・粉狀明膠 ⋯⋯5g
　　∥ ・水 ⋯⋯50ml

B ∥ ・杏桃（罐頭）⋯⋯200g
　　∥ ・罐頭糖漿 ⋯⋯50ml
　　∥ ・細砂糖 ⋯⋯40g

・牛奶 ⋯⋯50ml

・鮮奶油 ⋯⋯200ml

・君度橙酒 ⋯⋯1大匙

・杏桃（裝飾用）、薄荷葉
　　⋯⋯各適量

製作方法

1 在略小的缽盆中放入**A**的水，灑入粉狀明膠用攪拌器充分混拌，還原。

2 將**B**放入攪拌機內，攪打成滑順狀。

3 在鍋中放入牛奶，用小火加熱至即將沸騰。加入**1**充分混拌使其溶解，少量逐次加入**2**混拌使其溶化。在缽盆底部墊放冰水，邊混拌使其冷卻至產生濃稠。

4 在另外的缽盆中放入鮮奶油，攪打至七分打發。

5 先將1/3用量的**4**加入**3**中充分混拌，再加入其餘的**4**混拌均勻。

6 倒入模型中，置於冷藏室充分冷卻凝固。模型底部浸潤熱水（80℃），脫模取出盛盤，擺放切塊的杏桃、薄荷葉。

杏桃芭芭露亞

雙色葡萄
芭芭露亞

芭芭露亞與果凍的組合，
感覺華麗的甜點

材料　330ml模型2個

濃郁芭芭露亞

A ∥ ・粉狀明膠 ⋯⋯5g
　　∥ ・水 ⋯⋯50ml

・蛋黃 ⋯⋯2個

・細砂糖 ⋯⋯40g

・牛奶 ⋯⋯150ml

・香草精 ⋯⋯適量

・鮮奶油 ⋯⋯200ml

奶凍

A ∥ ・粉狀明膠 ⋯⋯5g
　　∥ ・水 ⋯⋯50ml

・水 ⋯⋯200ml

・細砂糖 ⋯⋯10g

・蜂蜜 ⋯⋯20g

・現榨黃檸檬汁 ⋯⋯1/2個

・香草精 ⋯⋯適量

・葡萄（2色）⋯⋯各12顆

製作方法

1 參照奶凍（P11）的製作方法**1**、**2**，將材料由牛奶換成水。添加蜂蜜、黃檸檬汁混拌，待降溫後，加進香草精，用茶葉濾網過濾至缽盆中。在缽盆底部墊放冰水，邊混拌使其冷卻至產生濃稠。

2 在模型底部鋪放葡萄，倒入**1**，置於冷藏室充分冷卻凝固。

3 參照濃郁芭芭露亞（P39）的製作方法**1**～**6**，倒入**2**的表面，置於冷藏室冷卻凝固。

材料　玻璃杯4個

A ┃ ·粉狀明膠 ⋯⋯ 5g
┃ ·水 ⋯⋯ 50ml
·牛奶 ⋯⋯ 100ml
·鮮奶油 ⋯⋯ 200ml
·細砂糖 ⋯⋯ 20g＋20g
·現搾黃檸檬汁、黃檸檬皮
　　　⋯⋯ 各1/2個
·蛋白 ⋯⋯ 1個
·黃檸檬皮（切絲）⋯⋯適量

基本慕斯

滑順膨鬆的慕斯。
可以隨心變化組合醬汁或食材

製作方法

1 在略小的缽盆中放入 **A** 的水，灑入粉狀明膠用攪拌器等充分混拌，還原（**a**）。

2 在鍋中放入牛奶，用小火加熱至即將沸騰時，熄火，加入 **1**、細砂糖20g，充分混拌使其溶解（**b**）。待降溫後，加入現搾黃檸檬汁、黃檸檬皮碎，在缽盆底部墊放冰水，邊混拌使其冷卻至產生濃稠（**c**）。

3 在另外的缽盆中放入鮮奶油，攪打至七分打發（**d**）。

4 將1/3用量的 **3** 加入 **2** 中，充分混拌（**e**），再加入其餘的 **3** 混拌均勻。

5 在缽盆中放入置於冷藏冷卻備用的蛋白，充分打發。細砂糖20g分3次添加，打發成蛋白霜。

6 先取1/3用量的 **5** 加入 **4** 中混拌（**f**），再加入其餘的 **5** 混拌（**g**）。倒入玻璃杯中（**h**），置於冷藏室充分冷卻凝固。放上黃檸檬皮絲。

粉狀明膠灑入後立即充分混拌。

牛奶在即將沸騰前熄火，加入明膠。

在此充分冷卻至產生濃稠就是重點。

鮮奶油打發至會留下攪拌器痕跡的硬度。

避免打發鮮奶油的氣泡消失，分2次加入。

取1/3蛋白霜先加入混拌均勻，再加入剩餘的蛋白霜。

加入蛋白霜後，避免氣泡被破壞，注意不要過度攪拌。

倒入玻璃杯中，輕敲杯底以平整表面。

廣受青睞的莓果系列，變化組合廣泛
覆盆子 & 草莓醬
材料與製作方法　　方便製作的份量

在缽盆中放入2大匙覆盆子果醬並加進1大匙水，以及
縱向分切成4等分、再對半分切的草莓6個，混合拌勻。

清爽令人耳目一新的酸味醬汁
檸檬酪
材料與製作方法　　方便製作的份量

在缽盆中放入雞蛋1個、細砂糖40g、現搾黃檸檬汁
1個，充分混拌。加入奶油（無鹽）40g，邊隔水加熱邊
混拌至產生濃稠。添加適量的黃檸檬皮碎，置於冷藏室
冷卻。

醬汁的變化組合

風味絕佳濃郁的健康醬汁
煉乳 & 黑芝麻醬
材料與製作方法　　方便製作的份量

在缽盆中放入1大匙研磨黑芝麻，加入2大匙煉乳充分
混拌。

使用很適合搭配牛奶風味的伯爵茶
伯爵茶醬汁
材料與製作方法　　方便製作的份量

在缽盆中放入略濃的紅茶液（伯爵茶）120ml、2大匙蜂
蜜、1/2小匙紅茶茶包的茶葉，充分混拌。放入保存容
器內，置於冷藏室冷卻。

直接食用很也美味！搭配優格也很棒
紅酒煮櫻桃

材料與製作方法　　方便製作的份量

在鍋中放入黑櫻桃（罐頭）糖漿100ml、紅葡萄酒2大匙、玉米粉1小匙，用小火加熱，邊混拌邊加熱煮至產生稠濃。加入黑櫻桃（罐頭）8顆，放入保存容器內，置於冷藏室冷卻。

一次作好備用更輕鬆！使用大量的水果
綜合水果

材料與製作方法　　方便製作的份量

在缽盆中放入切成不規則塊狀的葡萄柚（白、紅）各3瓣、柳橙3瓣、奇異果1/3個，加進2小匙細砂糖混拌。

搭配食材的變化組合

香甜黃桃以薑泥絕妙提味
黃桃 & 薑糖漿

材料與製作方法　　方便製作的份量

在缽盆中放入切成不規則形狀的黃桃（罐頭）1片、2小匙蜂蜜、1/2小匙薑泥，混拌。

雞尾酒風味的清爽搭配
奇異果 & 綠檸檬

材料與製作方法　　方便製作的份量

在缽盆中放入切成5mm厚，銀杏葉狀的奇異果片1/2個，撒入1小匙細砂糖。添加切成同樣形狀的青檸檬薄片，混合。

生起司慕斯

生起司慕斯表面擺放柑橘類的食材搭配，
是清新爽口的冰涼點心

材料　玻璃杯4個

A ・粉狀明膠 …… 5g
　　・水 …… 50ml
・奶油起司（cream cheese）…… 200g
・細砂糖 …… 20g ＋ 20g
・現搾黃檸檬汁、黃檸檬皮碎 …… 各1/2個
・原味優格（無糖）…… 100g
・鮮奶油 …… 100ml
・蛋白 …… 1個
・檸檬酪（P48）、全麥餅乾、黃檸檬角、百里香 …… 適量

製作方法

1 在略小的耐熱缽盆中放入 **A** 的水，灑入粉狀明膠充分混拌，還原。用微波加熱約 1 分鐘使其溶化。

2 在缽盆中放進回復室溫的奶油起司、砂糖20g、現搾黃檸檬汁、黃檸檬皮碎，混合至滑順為止。加入優格混拌，加入 **1** 拌勻。

3 參照基本慕斯（P47）的步驟 **3 ～ 6** 製作。

4 用敲碎的全麥餅乾鋪在玻璃杯底部，倒入 **3**，置於冷藏室冷卻凝固。

5 將檸檬酪舀至 **4** 的表面，置於冷藏室充分冷卻凝固。放上黃檸檬角、百里香。

黃檸檬絲絹慕斯

豐富的黃檸檬風味，
同時又有著慕斯柔滑的口感

材料　120ml的模型3個

A ｜・粉狀明膠 …… 5g
　　｜・水 …… 50ml
・牛奶 …… 100ml
・蜂蜜 …… 30g
・原味優格（無糖） …… 100g
・現搾黃檸檬汁、黃檸檬皮碎
　　　…… 各1/2個
・鮮奶油 …… 100ml
・蛋白 …… 1個
・細砂糖 …… 20g
・綜合水果（P49）、薄荷葉
　　　…… 各適量

製作方法

1 在略小的缽盆中放入 **A** 的水，灑入粉狀明膠充分混拌，還原。

2 在鍋中放入牛奶，用小火加熱至即將沸騰時，熄火，加入**1**、蜂蜜，充分混拌使其溶解。待降溫後，加入優格、現搾黃檸檬汁、黃檸檬皮碎混拌，在缽盆底部墊放冰水，邊混拌使其冷卻至產生濃稠。

3 在另外的缽盆中放入鮮奶油，攪打至七分打發。

4 先將1/3用量的**3**加入**2**中，充分混拌，再加入其餘的**3**混拌均勻。

5 參照基本慕斯（P47）的製作方法**5**、**6**，倒入模型中，置於冷藏室充分冷卻凝固。

6 模型底部浸入熱水（80℃），脫模取出盛盤，佐以綜合水果、切碎的薄荷葉。

軟稠巧克力慕斯

滑順的慕斯搭配巧克力
入口即化的美味

材料　150ml的模型3個

A ｜・粉狀明膠 …… 5g
　　｜・水 …… 50ml
・巧克力 …… 100g
・牛奶 …… 100ml
・蘭姆酒 …… 1大匙
・鮮奶油 …… 200ml
・打發鮮奶油、可可粉
　　…… 各適量

製作方法

1 在略小的耐熱缽盆中放
入 **A** 的水，灑入粉狀明
膠充分混拌，還原。用
微波加熱約 1分鐘使其
溶化。

2 在耐熱缽盆中放入切碎
的巧克力，用微波加熱
約 2分鐘使其溶化。加
入 **1**、牛奶混拌，倒入蘭
姆酒混拌，冷卻。

3 在另外的缽盆中放入鮮
奶油，攪打至六分打發。

4 先將 1/3用量的 **3** 加入 **2**
中，充分混拌，再加入
其餘的 **3** 混拌均勻。倒
入模型中，置於冷藏室
充分冷卻凝固。

5 舀上打發鮮奶油，篩上
可可粉。

優格慕斯 櫻桃醬

軟稠巧克力慕斯

優格慕斯
櫻桃醬

優格製的清爽慕斯
搭配櫻桃更具獨特的
豐美滋味

材料　180ml模型2個

A ｜・粉狀明膠 …… 5g
　　｜・水 …… 50ml
・原味優格（無糖） …… 400g
・蜂蜜 …… 20g
・現搾黃檸檬汁、黃檸檬皮碎
　　…… 各1/2個
・鮮奶油 …… 200ml
・蛋白 …… 1個
・細砂糖 …… 20g＋20g
・紅酒煮櫻桃（P49）、
　　黃檸檬皮絲 …… 各適量

製作方法

1 在略小的耐熱缽盆中放
入 **A** 的水，灑入粉狀明
膠充分混拌，還原。用
微波加熱約 1分鐘使其
溶化。

2 在缽盆中放進優格、蜂
蜜、現搾黃檸檬汁、黃
檸檬皮碎，充分混拌，
加入 **1** 混拌。

3 參照基本慕斯（P47）的
步驟 **3～6**，進行製作。

4 將模型底部浸入熱水中
（80℃），脫模取出盛
盤，搭配紅酒煮櫻桃、
切成細絲的黃檸檬皮。

白巧克力慕斯凍

濃醇白巧克力的甜味
搭配具提味效果的覆盆子

材料　17.6 x 8 x 6cm的
　　　磅蛋糕模1個

A ┃ ・粉狀明膠 …… 5g
　 ┃ ・水 …… 50ml
・牛奶 …… 150ml
・白巧克力 …… 100g
・細砂糖 …… 30g
・鮮奶油 …… 200ml
B ┃ ・覆盆子果醬 …… 4大匙
　 ┃ ・紅葡萄酒 …… 3大匙
・海綿蛋糕（市售）…… 100ml
・覆盆子＆草莓醬（P48）
　　…… 適量

製作方法

1. 在略小的耐熱缽盆中放入 A 的水，灑入粉狀明膠充分混拌，還原。

2. 在耐熱缽盆中放入切碎的白巧克力，用微波加熱約2分鐘使其溶化。

3. 在鍋中放入牛奶，用小火加熱至即將沸騰時，熄火，加入 1、細砂糖，充分混拌使其溶解。待降溫後，用茶葉濾網過濾至缽盆中。在缽盆底部墊放冰水，邊混拌使其冷卻至產生濃稠。加入 2 混拌。

4. 參照基本慕斯（P47）的步驟 3 ～ 4 製作。

5. 在磅蛋糕模中鋪放海綿蛋糕，用蛋糕片填滿底部，塗抹混拌完成的 B，倒入 4 的一半用量。再次層疊重覆作業，最後平整表面，置於冷藏室充分冷卻凝固。

6. 分切成片，裝飾上覆盆子＆草莓醬。

椰子慕斯的
芒果湯

白巧克力慕斯凍

椰子慕斯的
芒果湯

利用椰子和芒果
完成的南國風味冷湯

材料　4盤

A ┃ ・粉狀明膠 …… 5g
　 ┃ ・水 …… 50ml
・牛奶 …… 100ml
・細砂糖 …… 30g
・椰漿 …… 100ml
・鮮奶油 …… 100ml
・芒果（冷凍）…… 150g
B ┃ ・100% 芒果汁 …… 350ml
　 ┃ ・細砂糖 …… 2大匙
・柳橙、百香果、綠檸檬皮碎
　　…… 各適量

製作方法

1. 在略小的耐熱缽盆中放入 A 的水，灑入粉狀明膠充分混拌，還原。

2. 在鍋中放入牛奶，用小火加熱至即將沸騰時，熄火，加入 1、細砂糖，充分混拌使其溶解。加入椰漿混拌。待降溫後，用茶葉濾網過濾至缽盆中。在缽盆底部墊放冰水，邊混拌使其冷卻至產生濃稠。

3. 在另外的缽盆中放入鮮奶油，攪打至七分打發。

4. 先將1/3用量的 3 加入 2 中，充分混拌，再加入其餘的 3 混拌均勻。倒入保存容器中，置於冷藏室充分冷卻凝固。

5. 在攪拌機中放入解凍的芒果、B，攪打均勻。倒入深盤，用湯匙舀出 4 放入，擺放柳橙、舀入百香果的果肉（連籽）、撒上綠檸檬皮碎。

Agar dessert 4

相較於明膠，凝固力更強的寒天，特徵是有著爽利的斷口性和滑順口感。食物纖維豐富，低卡路里，是減重時最適合的點心。不只有簡單的寒天，除了水羊羹、抹茶寒天、焙茶寒天等日式甜點之外，使用水果或牛奶的西式寒天，也讓人樂在其中。調整寒天與水份的配方比例，做成水嫩滑順的口感，就可以享用像豆花或杏仁豆腐般，入口即化的甜點了。

冷卻凝固的時間參考標準是3～4小時。但若有延長冷卻時間的配方，會在食譜內註明。

材料　12 x 15 x 4cm的寒天模1個

· 粉狀寒天 ……4g（1包）
· 水 ……400ml
· 細砂糖 ……30g
· 個人喜好的醬汁（P58）……適量

製作方法

1 在鍋中放入水，灑入寒天粉用攪拌器充分混拌（**a**）。用中火加熱至沸騰後，轉為小火煮3～4分鐘充分混拌，煮至寒天溶化（**b**）。

2 在**1**中添加細砂糖（**c**），用攪拌器等充分混拌後，熄火。

3 待**2**降溫後用茶葉濾網過濾至寒天模中（**d**），置於冷藏室充分冷卻凝固。

4 由模型中取出擺放在砧板上（**e**），切成骰子狀（**f**）。澆淋上喜好的醬汁。

黃金比例的簡易寒天

是減重時適合的點心零食。
黃金比例的簡易寒天也能搭配個人喜好的食材

將粉狀寒天灑入水中，在加熱前充分混拌。

粉狀寒天容易沈澱在底部，務必要邊加熱邊攪拌。

粉狀寒天完全溶化，產生透明感後，加入細砂糖。

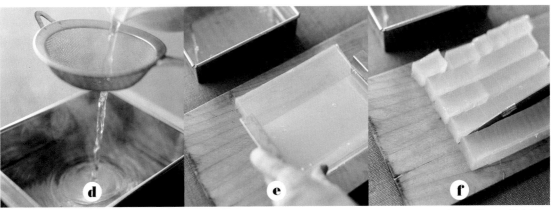

為製作出口感滑順的寒天，要以茶葉濾網過濾。

由寒天模中取出，用手輕輕按壓，使寒天脫模。

用刀子縱向切成細長條，再橫向切入，成為1.5cm的方塊。

日式風味的優雅醬汁

抹茶醬

材料與製作方法　　　方便製作的份量

缽盆中放入抹茶、細砂糖各1大匙混拌後，注入100ml
熱水，用攪拌器使其產生細小氣泡地充分混拌。加入
2～3個冰塊，瞬間冷卻。

用經典黑糖蜜搭配味道細緻的寒天，簡單的美好滋味

黑糖蜜

材料與製作方法　　　方便製作的份量

在鍋中放入碎的黑糖100g、水100ml，充分混拌，用中
火加熱。待黑糖溶化後，改以極小的小火，不斷地混拌
熬煮約4～5分鐘。待降溫後，用茶葉濾網過濾至保存
容器內，置於冷藏室冷卻。

醬汁的變化組合

最適合夏天！沁涼入脾

紅紫蘇糖漿

材料與製作方法　　　方便製作的份量

在保存容器內放入紅紫蘇糖漿50g、蜂蜜2大匙，混拌，
放置冷藏室冷卻。

暖身生薑。利用甘酒的甘甜製作

甘酒薑汁

材料與製作方法　　　方便製作的份量

保存容器中放入甘酒（含有米麴）100ml、薑泥擠成
1小匙薑汁，混拌，置於冷藏室冷卻。

爽口的白豆沙餡搭配黃檸檬皮

白豆餡 & 糖漬黃檸檬皮

材料與製作方法　　方便製作的份量

白豆沙餡60g，搭配糖漬黃檸檬皮（市售）2大匙。

煮10分鐘就能簡單完成！建議確實冷卻

糖煮杏桃

材料與製作方法　　方便製作的份量

在鍋中放入100ml的水、2大匙細砂糖煮至沸騰。加入
浸泡在溫水還原的杏桃20g，用小火煮10分鐘。

搭配食材的變化組合

提升口感！和香濃可口的水果一起享用

芒果 & 香蕉

材料與製作方法　　方便製作的份量

在缽盆中放入解凍的冷凍芒果50g、切成圓片的香蕉1/4
根，混合。

能同時享受到2種截然不同的口感

小湯圓

材料與製作方法　　方便製作的份量

在缽盆中放入湯圓粉50g、絹豆腐70g充分混合揉和，
做成小圓球。在鍋中煮沸熱水，放入白色小圓球，待
浮出水面再燙煮約1分鐘，撈起浸泡冰水。

材料　12 x 15 x 4cm的寒天模各1個

A ｜・粉狀寒天 …… 2g（1/2包）
　　｜・100%芒果汁 …… 100ml
・芒果（冷凍）…… 100g
・細砂糖 …… 10g
B ｜・粉狀寒天 …… 2g（1/2包）
　　｜・牛奶 …… 200ml
・細砂糖 …… 20g
・煉乳 …… 1大匙
・薄荷葉、柳橙 …… 各適量

製作方法

1 在鍋中放入 **A** 的芒果汁，灑入寒天粉充分混拌。用中火加熱至沸騰後，轉為小火煮1～2分鐘充分混拌，煮至寒天溶化。

2 在**1**中添加解凍的芒果、細砂糖，用攪拌機攪拌。

3 待**2**降溫後用茶葉濾網過濾至寒天模中，置於冷藏室充分冷卻凝固。

4 在鍋中放入 **B** 的牛奶，灑入寒天粉充分混拌。用中火加熱至沸騰後，轉為小火煮1～2分鐘充分混拌，煮至寒天溶化。

5 在**4**中添加解細砂糖、煉乳，充分混拌使其溶解。待降溫後，過濾倒至另一個寒天模中，置於冷藏室充分冷卻凝固。

6 將**3**、**5**各別脫模，切成略大的方塊狀盛盤，在以薄荷葉以及切成方便食用的柳橙果肉。

芒果寒天

濃郁的芒果寒天滋味絕妙。
搭配牛奶寒天就是熱帶甜點盅

草莓水羊羹

仔細地化開紅豆沙就是重點。
在家也能自製水羊羹

材料　玻璃杯8個
A・粉狀寒天 …… 2g（1/2包）
　　・水 …… 250ml
・紅豆沙 …… 250g
B・粉狀寒天 …… 2g（1/2包）
　　・水 …… 200ml
・細砂糖 …… 20g
・草莓 …… 6個

製作方法

1 在鍋中放入 **A** 的水，灑入寒天粉充分混拌。用中火加熱至沸騰後，轉為小火煮3～4分鐘充分混拌，煮至寒天溶化。

2 在**1**中少量逐次地添加紅豆泥，混拌至成為滑順狀態地使其溶化。

3 待**2**降溫後，倒入玻璃杯中，置於冷藏室充分冷卻凝固。

4 在鍋中放入 **B** 的水，灑入寒天粉充分混拌。用中火至沸騰後，轉為小火煮3～4分鐘充分混拌，煮至寒天溶化。

5 在**4**中添加細砂糖溶解，充分混拌。

6 在冷卻凝固**3**的玻璃杯中放入去蒂切半的草莓，倒入**5**，置於冷藏室充分冷卻凝固。

抹茶牛奶寒天　　　草莓水羊羹

抹茶牛奶寒天

滑順入喉！
抹茶深刻的風味讓人心滿意足

材料
7 x 12 x 4.5cm的寒天模1個
・粉狀寒天 …… 2g（1/2包）
・水 …… 400ml
・玉米粉 …… 1大匙
・細砂糖 …… 40g
・牛奶 …… 50ml
A・抹茶 …… 1大匙
　　・熱水 …… 4大匙
・蜜紅豆、打發鮮奶油、抹茶
　　…… 各適量

製作方法

1 在容器內放入 **A**，充分混拌。

2 在鍋中放入水，灑入寒天粉、玉米粉充分混拌。用中火加熱至沸騰後，轉為小火煮3～4分鐘充分混拌，煮至寒天溶化。

3 在**2**中添加細砂糖，充分混拌，少量逐次加入**1**，充分混拌後，再加入牛奶混合拌勻。

4 待**3**降溫後，用茶葉濾網過濾至寒天模中，置於冷藏室充分冷卻凝固。

5 由模型中取出，切成長方塊。盛盤，搭配蜜紅豆、打發鮮奶油，用茶葉濾網篩上抹茶。

Agar dessert

焙茶蜜紅豆

飄散著焙茶香氣的寒天，
搭配大幅增加風味深度的
蜜紅豆

材料
12 x 15 x 4cm 的寒天模1個
・粉狀寒天 …… 4g（1包）
・沖泡成略濃的焙茶液
　　…… 400ml＋200ml
・蔗糖 …… 30g
A ┃・細砂糖 …… 30g
　┃・水 …… 50ml
・紅豆沙、無花果、黃豆粉
　　…… 各適量

製作方法

1 在鍋中放入沖泡得略濃
的焙茶液400ml，灑入
寒天粉充分混拌。用中
火加熱至沸騰後，充分
混拌，煮至寒天溶化。

2 在**1**中添加蔗糖，充分
混拌，待降溫後，用茶
葉濾網過濾至寒天模
中，置於冷藏室充分冷
卻凝固。

3 在鍋中放入 **A**，用小火
加熱。加入焙茶200ml，
冷卻。

4 將**2**由模型中取出，切
成骰子般的方塊。盛盤，
澆淋**3**，搭配紅豆泥、
無花果片，灑上黃豆粉。

焙茶蜜紅豆

抹茶寒天

抹茶寒天

略濃的抹茶寒天
與冰淇淋是絕佳組合

材料
12 x 15 x 4cm 的寒天模1個
・粉狀寒天 …… 4g（1包）
・水 …… 400ml
・細砂糖 …… 30g
・抹茶 …… 1大匙
・熱水 …… 4大匙
・抹茶冰淇淋、抹茶
　　…… 各適量

製作方法

1 在缽盆中灑入抹茶，注
入熱水充分混拌均勻。

2 在鍋中放入水，灑入寒
天粉充分混拌。用中火
加熱至沸騰後，轉為小
火煮3～4分鐘充分混
拌，煮至寒天溶化。

3 少逐次將**2**加入**1**，充分
混合拌勻。

4 待**3**降溫後，用茶葉濾
網過濾至寒天模中，置
於冷藏室充分冷卻凝固。

5 由模型中取出，切成略
大的骰子般方塊（2cm
方塊）。盛盤，搭配抹
茶冰淇淋，用茶葉濾網
篩上抹茶。

糖煮杏桃豆花

添加了糖煮杏桃，
中式口味的甜品

材料
12 x 15 x 4cm 的寒天模 1 個
A | ・粉狀寒天 ……2g（1/2包）
 | ・無調整豆漿 ……350ml
 | ・水 ……250ml
 | ・玉米粉 ……1大匙
・蔗糖 ……30g
B | ・蔗糖 ……50g
 | ・水 ……400ml
 | ・薑泥（帶皮磨成泥）……30g
・糖煮杏桃（P49）、枸杞、
 水煮黑豆、薑絲 ……各適量

製作方法

1 在鍋中放入 **A** 充分混
 拌。用中火加熱至沸騰
 後，轉為小火煮至寒天
 溶化。

2 在**1**中加入蔗糖，充分混
 拌後，降溫用茶葉濾網
 過濾至入寒天模中，置
 於冷藏室充分冷卻凝固。

3 在鍋中放入 **B** 用小火至
 沸騰，冷卻後用茶葉濾
 網過濾，冷卻。

4 在容器中盛放切成略大
 的**2**，倒入**3**。放上糖
 煮杏桃、枸杞、黑豆、
 切成細絲狀的薑。

糖煮杏桃豆花

異國風椰漿寒天凍

異國風椰漿
寒天凍

搭配塊狀水果，
口感極佳

材料
12 x 15 x 4cm 的寒天模 1 個
A | ・粉狀寒天 ……4g（1包）
 | ・水 ……300ml
・椰漿 ……200g
・細砂糖 ……30g
・芒果（罐頭）、糖漿（罐頭）、
 薄荷葉 ……各適量

製作方法

1 在鍋中放入 **A** 的水，灑
 入寒天粉充分混拌。用
 中火加熱至沸騰後，轉
 為小火充分混拌，煮至
 寒天溶化。

2 在**1**中加入椰漿、細砂
 糖，充分混拌後，用小
 火加熱至即將沸騰為
 止。待降溫後，用茶葉
 濾網過濾至寒天模中，
 置於冷藏室充分冷卻
 凝固。

3 將**2**切成略大的塊狀盛
 盤，搭配芒果、罐頭內
 的糖漿、薄荷葉。

Agar dessert

Big 5 sweets

將果凍、布丁、芭芭露亞、慕斯、寒天，倒入直徑12cm左右的缽盆或磅蛋糕模、寒天模等，冷卻凝固製成的大型糕點。建議可以在家族團聚餐會、或招待朋友來訪時。製作工序完全相同，只是做成較大的尺寸，就能呈現出特別歡慶的氣氛。掌握填裝時的重點，也能在假日或特殊慶祝的節日裡，親子共同動手開心製作。即使沒有大型模具，用耐熱缽盆或保存容器也能完成。

冷卻凝固的時間參考標準是3～4小時。若有必須延長冷卻時間的配方，會在食譜內註明。

材料　直徑15cm的缽盆1個

A ┃ ·粉狀明膠 ······5g
　　 ┃ ·水 ······50ml
·罐頭的糖漿 ······150ml
·水 ······50ml
·細砂糖 ······30g
·草莓 ······8個
·奇異果 ······1個
·鳳梨（罐頭）······150g
·橘子（罐頭）······150g

製作方法

1 在略小的耐熱缽盆中放入 **A** 的水，灑入粉狀明膠充分混拌，還原。

2 在鍋中放入罐頭的糖漿、水，加熱至即將沸騰，加入**1**、細砂糖，充分混拌。離火，待降溫後，確實冷卻。連同鍋子浸泡在冰水中，冷卻至產生濃稠。

3 草莓去蒂對切。奇異果切成圓片、鳳梨和橘子瀝乾罐頭的湯汁。

4 用水濕濕缽盆，不留間隙地將**3**緊密鋪滿（**a**）。倒入**2**（**b**），再次填放**3**，倒入剩餘的**2**，置於冷藏室7～8小時充分冷卻凝固。

5 請參照奶凍（P11）的製作方法**4**，同樣地脫模取出。

圓頂果凍

舉辦活動時最適合的糕點！
大家一起分享的大型甜點凍

材料　17.5 x 8 x 6cm的磅蛋糕模1個

- 南瓜（實際重量）……300g

A ｜・細砂糖 ……80g
　｜・水 ……60ml
　｜・熱水 ……20ml

- 雞蛋 ……2個
- 細砂糖 ……60g
- 牛奶 ……300ml
- 蘭姆酒 ……1大匙
- 沙拉油 ……適量

製作方法

1 南瓜切成略大的滾刀塊。放入鍋中加入足以淹沒南瓜的水（用量外），煮至柔軟。降溫後，過濾成南瓜泥。

2 在鍋中放入水、細砂糖，用中火加熱。煮至細砂糖溶化，周圍開始焦化時，邊晃動鍋子邊熬煮至全體呈現茶色均勻焦化。待成為漂亮的焦糖色時，熄火，鍋子向外側傾斜並加入熱水。

3 用廚房紙巾等薄薄地將沙拉油塗抹至磅蛋糕模內，倒入 **2**（**a**），置於冷藏室冷卻至焦糖凝固為止。

4 在缽盆打放入雞蛋攪散，加入細砂糖，充分攪散使其溶化，加入 **1** 充分混拌。添加牛奶、蘭姆酒，用過濾器將其過濾至 **3** 當中，覆蓋上鋁箔紙。

5 將 **4** 放入較厚的平底深鍋內（**b**），倒入熱水（份量外），蓋上鍋蓋，用極小的火蒸約30分鐘。完成後以蓋上鍋蓋的狀態下放至冷卻。用餘溫使中央受熱熟透。

南瓜布丁

令人心滿意足的桶裝布丁風格。
建議用在招待小朋友們的聚會時♪

材料　直徑18cm的缽盆1個

・海綿蛋糕（市售）
　　…… 直徑18cm大小1個

・草莓 …… 300g

・鮮奶油 …… 400ml

・細砂糖 …… 40g

・草莓果醬 …… 3大匙

・水 …… 2大匙

製作方法

1 海綿蛋糕切成5mm厚的片狀。留下覆蓋底部用的海綿蛋糕圓片，其他切成6等分的放射狀三角形。草莓去蒂。在缽盆中放入鮮奶油、細砂糖，攪打至八分打發。

2 水加入草莓果醬，製作成草莓醬。

3 在缽盆內鋪放保鮮膜，填滿**1**的海綿蛋糕（**a**），刷塗**2**。

4 將**1**的打發鮮奶油1/3用量填入**3**，排放**1**的草莓1/3。重覆此步驟（**b**），覆蓋上海綿蛋糕圓片。包覆保鮮膜，置於冷藏室冷卻2～3小時。留下裝飾用的草莓和打發鮮奶油備用。

5 從缽盆中連同保鮮膜一起取出，翻面盛盤，除去保鮮膜。將預留下的打發鮮奶油塗抹在全體表面，抹刀由下朝上地劃出自然紋路（**c**）。用草莓片裝飾外圍。

草莓義式圓頂蛋糕

填滿大量鮮奶油的圓頂型蛋糕。
不用火就能完成，最適合與小朋友一起動手

材料

底部 11.5 x 上直徑 14cm x 高
8cm 夏露特模（Charlotte）1 個

· 綜合莓果（冷凍）…… 250g
· 細砂糖 …… 250g
· 黃檸檬汁 …… 1 大匙
· 吐司麵包（三明治用）…… 6 片
· 原味優格（無糖）…… 400g
　　（瀝乾水份 250g）

A ┃ · 粉狀明膠 …… 5g
　 ┃ · 水 …… 50ml

· 水 …… 100ml
· 白葡萄酒 …… 2 大匙
· 細砂糖 …… 50g
· 鮮奶油 …… 100ml
· 藍莓、覆盆子、黑醋栗、
　薄荷葉 …… 各適量

製作方法

1 優格放在舖放廚房紙巾的濾網中，靜置 1 小時瀝乾水份。

2 在鍋中放入冷凍狀態的綜合莓果、細砂糖、黃檸檬汁，用中火加熱。煮至沸騰後轉為小火，煮 2 ～ 3 分鐘。離火降溫後，用濾網過濾出果肉和果汁。果肉放置冷藏室冷卻備用。

3 吐司麵包 1 片切成覆蓋用的圓片狀，2 片切成 8 份的三角形片，3 片切成梯形 10 片。

4 在模型中舖入保鮮膜，底部舖放 **3** 的三角形吐司片，側面舖放梯形吐司片。

5 將 **2** 的果汁大量刷塗在 **4** 的吐司片上，放入冷藏室冷卻。留下刷塗覆蓋用吐司圓片的果汁。

6 在略小的缽盆中放入 **A** 的水，灑入粉狀明膠充分混拌，還原。

7 在鍋中放入水、白葡萄酒，用小火加熱煮至沸騰後熄火。加入 **6**、細砂糖，充分混拌。降溫後，使其完全冷卻備用。

8 在缽盆中，放入 **1**、鮮奶油混拌，加入 **7** 拌勻。

9 先將 **8** 的 1/3 用量倒入 **5** 的模型中，放入 **2** 的果肉。倒入其餘的 **8**，蓋上留下的覆蓋用吐司圓片，刷塗果汁。確實包覆保鮮膜，置於冷藏室冷卻。

10 從缽盆中連同保鮮膜一起取出，翻面盛盤，除去保鮮膜。在四周裝飾上藍莓、覆盆子、黑醋栗和薄荷葉。

夏日布丁

使用了大量莓果的英式甜點。
使用吐司也能製作，教人開心不已！

香蕉 & 卡士達乳脂鬆糕（Trifle）

只要簡單地層疊！
是食欲旺盛的孩子們最適合的點心

材料
直徑 11.5 x 高 11cm 的玻璃容器 1 個

- 蛋黃 …… 2 個
- 細砂糖 …… 50g
- **A** ┃ ・玉米粉 …… 10g
　　 ┃ ・麵粉 …… 10g
- 牛奶 …… 250ml
- 香草精 …… 適量
- 鮮奶油 …… 100ml
- 細砂糖 …… 10g
- 海綿蛋糕（市售）…… 適量
- 柳橙 & 橙皮果醬（P13）…… 適量
- 香蕉焦糖（P27）…… 適量

製作方法

1 在缽盆中，放入蛋黃、細砂糖用攪拌器摩擦混拌至顏色變淺，過篩 **A** 加入。

2 在鍋中放入牛奶，用小火加熱至即將沸騰熄火。少量逐次地加入 **1**，每次加入後都充分混拌，邊過濾邊倒回鍋中。用中火加熱，避免黏沾在鍋底地用橡皮刮刀邊混拌邊加熱。待產生稠度後轉為小火，邊充分混拌邊加熱。待噗咕噗咕地出現氣泡時熄火。降溫後，加入香草精。完全冷卻後用濾網過濾。

3 在缽盆中放入鮮奶油、細砂糖，攪打製作成八分打發鮮奶油，放入塑膠袋內，用橡皮筋綁緊後，剪開尖端（若有擠花嘴可裝入）。

4 在玻璃容器內填裝剝碎的海綿蛋糕，層疊放入柳橙 & 橙皮果醬、**2** 的卡士達醬、香蕉焦糖，再次層疊上海綿蛋糕、絞擠出 **3** 的打發鮮奶油、香蕉焦糖、柳橙 & 橙皮果醬。

環型模製作的
柳橙芭芭露亞

入口即化的美味，毫無礙問地瞬間完食！
擺放大量的柳橙是清新爽口的甜點

材料　直徑16cm的環狀模1個

A ｜・粉狀明膠 …… 5g
　　｜・水 …… 50ml
・100% 柳橙汁 …… 100ml＋100ml
・細砂糖 …… 30g
・橙皮果醬 …… 30g
・鮮奶油 …… 200ml
・君度橙酒 …… 1大匙
・柳橙 …… 1個
・薄荷葉 …… 適量

製作方法

1 柳橙仔細洗淨後，表皮磨碎。取出果肉，對半切。

2 在略小的缽盆中放入 **A** 的水，灑入粉狀明膠充分混拌，還原。

3 在鍋中放入100% 柳橙汁100ml，加熱至即將沸騰。加入**2**、細砂糖，充分混拌使其溶解。待降溫後，加入柳橙汁100ml，用茶葉濾網過濾至缽盆中。

4 在缽盆底部墊放冰水，邊混拌邊冷卻至產生濃稠，加入橙皮果醬、君度橙酒、**1**的橙皮碎。

5 在另外的缽盆中，放入鮮奶油攪打至七分打發。

6 先將1/3用量的**5**加入**4**中，充分混拌，再加入其餘的**5**混拌均勻。

7 倒入模型中，置於冷藏室充分冷卻凝固。模型底部浸潤熱水（80℃），脫模取出倒扣盛盤，用**1**的果肉和薄荷葉裝飾。

香蕉提拉米蘇

浸滿咖啡糖漿，
潤澤美味的道地提拉米蘇

材料　12 x 12 x 7cm的容器1個
・馬斯卡邦起司（Mascarpone）……250g
A｜・蛋黃……2個
　｜・細砂糖……30g
B｜・蛋白……2個
　｜・細砂糖……30g
C｜・即溶咖啡……1大匙
　｜・熱水……2大匙
　｜・細砂糖……20g
　｜・蘭姆酒……2小匙
・香蕉……2根
・海綿蛋糕（市售）或手指餅乾、可可粉
　　……各適量

製作方法

1 馬斯卡邦起司從冷藏室取出，放置回復常溫。**B**的蛋白置於冷藏室備用。

2 **C**充分混拌後，製成糖漿，置於冷藏室備用。

3 在缽盆中放入 **A** 充分混拌。以60℃的熱水隔水加熱並打發至顏色發白，少量逐次加入**1**的馬斯卡邦起司，並充分混拌。

4 在另外的缽盆中，放入**1**的蛋白充分打發。分3次放入細砂糖，製作成尖角直立的蛋白霜。

5 先將1/4用量的**4**加入**3**中，充分混拌，再加入其餘的**4**混拌均勻。裝入略厚的塑膠袋內，縛緊袋口剪開前端。

6 在容器底部鋪放剝碎的海綿蛋糕，大量刷上**2**浸潤滲透，擠出**5**的一半用量。排放切成圓片的香蕉，再絞擠出剩餘的**5**，之後置於冷藏室充分冷卻凝固。完成時用茶葉濾網篩滿可可粉。

香蕉提拉米蘇

凍霜優格

凍霜優格（Frozen yogurt）

不需用火就能完成，
想和小朋友一起製作！

材料　18 x 12 x 6cm的琺瑯容器1個
・原味優格（無糖）……400g
・細砂糖……20g
・蜂蜜……20g
・鮮奶油……100ml
・藍莓果醬……3大匙

製作方法

1 在放有優格的容器內，加入細砂糖、蜂蜜、鮮奶油，充分混拌。

2 將**1**倒入琺瑯保存容器內，放入冷凍室約2小時。待周圍結凍後，用湯匙仔細攪散後，再次放入冷凍室。2小時後，再次取出置於室溫中，待周圍略略溶化時，用湯匙仔細翻動攪散。重覆這個步驟3～4次。

3 將藍莓果醬滴落在表面，大動作攪拌，就能呈現出大理石紋。

安茹白乳酪蛋糕

起司愛好者無法抗拒！
用瀝乾水份的優格製作
充滿鬆軟口感的甜點

材料　直徑12cm的缽盆1個
A ・粉狀明膠……3g
　　・水……50ml
・原味優格（無糖）……400g（瀝乾水份250g）
・瑞可達起司（ricotta）……250g
・蜂蜜……30g
・細砂糖……20g
B ・蛋白……1個
　　・細砂糖……30g
・白葡萄酒……2大匙
C ・藍莓（冷凍）……30g
　　・藍莓果醬……1大匙

製作方法

1. 優格放在舖有廚房紙巾的濾網中，靜置1小時瀝乾水份。**B**的蛋白置於冷藏室冷藏備用。

2. 在**1**瀝乾水份的優格中加入瑞可塔起司、蜂蜜、細砂糖，充分混拌。

3. 在略小的耐熱缽盆中放入**A**的水，灑入粉狀明膠混拌，還原。微波加熱1分鐘使其溶化，加入白葡萄酒、**2**充分混拌。

4. 在缽盆中，放入**1**的蛋白充分打發。分3次放入細砂糖，製作成尖角直立的蛋白霜。

5. 先將1/3用量的**4**加入**3**中，充分混拌，再加入其餘的**4**混拌均勻。

6. 在缽盆中舖放20x20cm的紗布巾，舀起1/4用量的**5**放入，中央填放完成混拌的**C**，再放入其餘的**5**，將紗布巾的開口處像綁晴天娃娃般縛緊，固定綁繩（**a**）。直接放置於冷藏室確實充分冷卻

起司蛋糕

安茹白乳酪蛋糕

起司蛋糕（Cheese Terrine）

柔和滑順地溶於口中，
是大人小孩都喜歡的一道甜品

材料　17.5 x 8 x 6cm的磅蛋糕模1個
・奶油起司（cream cheese）……200g
・黃檸檬……1/2個
・細砂糖……100g
・原味優格（無糖）……100g
・雞蛋……2個
・鮮奶油……100ml
・低筋麵粉……2大匙

製作方法

1. 奶油起司放置回復室溫。黃檸檬皮磨碎、搾出果汁。

2. 在缽盆中放入**1**的奶油起司、細砂糖，用橡皮刮刀充分揉和混拌，加入優格、雞蛋、鮮奶油、**1**的黃檸檬汁與皮，混拌至呈滑順狀態。加入完成過篩的低筋麵粉，用攪拌器混合拌勻。

3. 將烤盤紙舖在放磅蛋糕模中，倒入**2**，覆蓋上鋁箔紙。

4. 在平底鍋中倒入熱水（用量外），舖放廚房紙巾，放入**3**。蓋上用布巾包覆的平底鍋蓋，以極小的火蒸約20分鐘。熄火後直接在平底鍋中放至冷卻，再置於冷藏室充分冰鎮。

黃檸檬風味水羊羹

用糖漬黃檸檬皮呈現西點風味。連外觀都清涼的甜點

材料

12 x 15 x 4cm的寒天模1個

・粉狀寒天……4g

・水……250ml

・牛奶……250ml

・白豆沙餡……100g

・現搾黃檸檬汁……1/2個

・糖漬黃檸檬皮（市售）……適量

製作方法

1　在鍋中放入水，灑入寒天粉用攪拌器充分混拌。用中火加熱至沸騰後，轉為小火煮3～4分鐘充分混拌，煮至寒天溶化。

2　熄火後，加入牛奶、白豆沙餡、現搾黃檸檬汁充分混拌。

3　待**2**降溫後，倒至寒天模中，置於冷藏室充分冷卻凝固。

4　由模型中取出，擺放糖漬黃檸檬皮，可切成略大的塊狀享用。

黃檸檬風味水羊羹

紅豆牛奶寒天

紅豆牛奶寒天

顆粒紅豆餡的口感就是重點。
恰到好處的甜味，正適合作為茶點

材料

12 x 15 x 4cm的寒天模1個

・粉狀寒天……4g

・牛奶……200ml＋300ml

・顆粒紅豆餡……150g

・煉乳……2大匙

製作方法

1　在鍋中放入牛奶200ml，灑入寒天粉用攪拌器充分混拌。用中火加熱至沸騰後，轉為小火煮3～4分鐘充分混拌，煮至寒天溶化。

2　熄火後，加入牛奶300ml。待降溫後，用茶葉濾網過濾至寒天模中，加入顆粒紅豆餡、煉乳充分混拌。

3　待**2**降溫後，倒至寒天模中，置於冷藏室充分冷卻凝固。

4　由模型中取出切成略大的塊狀。

Q&A

徹底解答疑問以及一些總是會遇到的狀況。
以 Q&A 的方式提供建議。

果凍
布丁
芭芭露亞
慕斯
寒天

 Q 為何果凍無法凝固？

A 主要是因為明膠的原料是動物性蛋白質。若果凍內添加了會分解蛋白質的酵素食材（如鳳梨、奇異果等），就會發生無法凝固的現象。產生這種現象時，可以將食材先加熱、或是使用罐頭食品。此外，像

黃檸檬等酸味較強的食材也不容易凝固，可以試著調高明膠的濃度。還有其他原因，像是明膠在水中沒有完全溶解…等。重點就是務必在明膠灑入水後，充分均勻混拌使明膠溶解。

 Q 所謂的即將沸騰，
是什麼樣的狀態呢？

A 在本書常會出現加熱至即將沸騰的狀態，就是鍋內的溫度約為90℃，鍋子邊緣開始冒出細小氣泡時，熄火。一旦沸騰整體會呈現氣泡，有的食材一旦沸騰就會出現分離的狀態，因此加熱時請緊盯著鍋子。

Q 有什麼秘訣
可以讓口感變得滑順？

A 相對於明膠的水份用量，會改變硬度及口感滑順度。喜歡入口即化的滑順口感，建議採用水份用量較多的食譜配方。但相對地，就不適合脫模，因此可以用燉盅或玻璃容器來進行製作。此外，多一道

利用茶葉濾網過濾的工序，可以去除去結塊的明膠或寒天，也是為了呈現滑順口感時不可欠缺的工序。

 Q 請教
打發鮮奶油時的訣竅！

A 鮮奶油打發的重點就是直至使用前，都保持在冷藏室內。將裝有鮮奶油的缽盆底部墊放冰水，大幅度動作地攪動攪拌器，一氣呵成地攪打至發泡。打發之後調慢速度，調整成適當的乳霜狀。

Q 如何做出漂亮的蛋白霜？

A 首先要檢查使用的缽盆及攪拌器，是否有沾到水份或油脂。蛋白儘可能冷藏至冰涼狀態再放入缽盆中，確實打發後，將砂糖分2～3次添加，就能完成細緻蛋白霜。

Q 想要快速凝固時該如何做？

A 在缽盆中放入冰水，墊放在裝有液體的缽盆底部，混拌至產生濃稠後，再倒入模型。此時為避免產生氣泡，輕輕混拌就是重點。倒入模型後，利用裝滿冰水的方型淺盤冷卻，可以比放入冷藏室更快凝固。若缽盆和模型都使用高熱傳導率的不鏽鋼製品，可以更縮短時間。

Q 巧妙脫模的方法為何？

A 在缽盆中放入熱水（80℃），連同模型快速浸泡底部。藉此使模型內側稍稍溶化，倒扣模型略加搖晃，就能漂亮地脫出模型。或是，將刀子插入模型與甜點間隙，讓空氣進入，也能輕易地脫模。

 →

Q 所謂降溫、回復室溫。具體是什麼樣的狀態？

A 降溫狀態，是指加熱過的東西，冷卻到可用手觸摸的狀態。使用冰水急速冷卻、或放置等待冷卻，冷卻方法各有不同。回復室溫，是指從冰箱取出的東西，放置成剛好的溫度（23～25℃）。應該以觸摸時不會感覺冰冷為參考標準。若有回復室溫的指示，是為了讓食材更容易處理。

Q 果凍與布丁、芭芭露亞與慕斯，相異之處為何？

A 每個章節的首頁（P9、P23、P37）各別介紹了特徵，可再次歸納解說。首先關於果凍與布丁的不同，一般而言，可以定義為果凍是用明膠將果汁做成固態；而布丁則是將蛋液加熱凝固而成。但本書中也介紹了用明膠將果汁以外的食材做成固態，或是在布丁中添加明膠，用冷藏室冷卻使其凝固的方法（速成布丁）。接著是芭芭露亞與慕斯的差異，就口感上來說，芭芭露亞口感具軟嫩Q彈，慕斯則是鬆軟綿柔。鬆軟綿柔的主因，是添加了打發蛋白製成的蛋白霜，這也是其中最大的差別。所以即使在發源地的法國，二者的區隔也常是討論的主題。

Joy Cooking

無敵美味，滑軟彈嫩，一定要學會的黃金比例配方！

布丁・果凍・寒天・芭芭露亞・慕斯

作者　福岡直子

翻譯　胡家齊

出版者 / 出版菊文化事業有限公司　P.C. Publishing Co.

發行人　趙天德

總編輯　車東蔚

文案編輯　編輯部

美術編輯　R.C. Work Shop

台北市雨聲街77號1樓

TEL：（02）2838-7996　　FAX：（02）2836-0028

法律顧問　劉陽明律師　名陽法律事務所

初版日期　2021年9月

定價　新台幣320元

ISBN-13：9789866210808　　書　號　J145

讀者專線　（02）2836-0069

www.ecook.com.tw

E-mail　service@ecook.com.tw

劃撥帳號　19260956 大境文化事業有限公司

無敵美味，滑軟彈嫩，一定要學會的黃金比例配方！

布丁・果凍・寒天・芭芭露亞・慕斯

福岡直子 著

初版. 臺北市：出版菊文化

2021　80面；19×26公分

（Joy Cooking系列；145）

ISBN-13：9789866210808

1.點心食譜　　427.16　　110012901

STAFF

攝影　位田明生

設計　三木俊一（文京図案室）

烹調助理　神田弘乃、藤田藍、吉村佳奈子

編輯、結構　丸山みき（SORA企畫）

編輯助理　樫村悠香（SORA企畫）

企畫編輯　森香織

（朝日新聞出版 生活・文化編集部）

協力
TOMIZ（富澤商店）
http://tomiz.com/
tel:042-776-6488

攝影工作租借協力廠商
UTUWA
tel:03-6447-0070